감칠맛

감칠맛

내 몸의 만능일꾼, 단백질에 대한 욕망

초판 1쇄 인쇄 2024년 10월 24일

초판 1쇄 발행 2024년 11월 12일

지은이 | 최낙언   펴낸이 | 황윤억

편집 | 김순미 윤석빈 이성규 황인재   디자인 | 엔드디자인   마케팅 | 김예연

발행처 | 헬스레터/(주)에이치링크   등록 | 2012년 9월 14일(제2015-225호)

주소 | 서울 서초구 남부순환로 333길 36(해원빌딩 4층)   우편번호 06725

전화 | 마케팅 02)6120-0258   편집 | 02)6120-0259   팩스 | 02) 6120-0257

글·그림 ⓒ 최낙언, 2024

값은 뒤표지에 있습니다.

전자우편 | gold4271@naver.com   영문명 | HL(Health Letter)

ISBN 979-11-91813-16-6   93400

五味사이언스
감 칠 맛 과 학

내 몸의 만능일꾼,
단백질에 대한 욕망

감칠맛

| 최낙언 지음 |

헬스레터
Health Letter

감칠맛은 여전히 가장 미지의 맛이다

글루탐산을 감칠맛의 핵심으로

받아들이는데 100년의 시간

이번에 〈오미 시리즈〉의 하나로 감칠맛 이야기를 다시 쓰게 되었다. 감칠맛은 2015년에 이미 『감칠맛과 MSG』를 쓴 적이 있다. 당시에는 MSG에 대한 오해와 불안감이 너무 높아 쓴 책이다. 필자가 맛에 대해 처음 쓴 책이 2013년에 쓴 『Flavor, 맛이란 무엇인가』였는데, 당시에는 향료회사에서 근무할 때였고, 합성향에 대한 오해가 워낙 많아서 그것을 풀어보기 위해서 집필했다. 그런데 당시에는 MSG의 안전성에 관한 논란이 워낙 뜨거웠고 맛에 관해 설명한 책도 별로 없어서인지 맛에 관한 인터뷰나 세미나에서 항상 MSG에 관해 물었다. 그래서 나에게 더 이상 MSG에 관해 묻지 말아 달라는 의미로 관련 자료를 정리한 것이다.

그 책을 쓰면서 '우리 몸은 그 많은 성분 중에서 왜 단백질을 구성하는 20종의 아미노산 중의 하나에 불과한 글루탐산을 감칠맛으로 느낄까?'라는 질문을 탐구하게 되었다. 글루탐산을 감지하기 위해 5가지뿐인 미각 중 하나를 쓰는데는 뭔가 특별한 의미가 있을 것이라 믿었다. 글루탐산의 역할을 탐구하면 할수록 어설픈 과학보다 우리 몸이 훨씬 현명하다는 것을 알게 되었다. 사실 글루탐산 하나의 기능이 모든 비타민의 기능을 합한 것보다 많을 정도로, 글루탐산은 우리 몸에서 온갖 일을 하는데, 그동안 오해와 푸대접만 받았다. 그래서 글루탐산의 역할을 정리하여 『내 몸의 만능 일꾼 글루탐산』을 쓰기도 했다.

이미 2권에 걸쳐 글루탐산(MSG)에 관해 책을 썼기 때문에 헬스레터의 황윤억 대표님이 신맛, 짠맛에 이어 감칠맛도 출간하여 최종적으로는 오미(五味) 시리즈를 완성해보자고 했을 때 망설였다. 내가 맛을 설명할 때면 "미각은 단순하지만 깊이 있고, 향은 다양하지만 흔들리기 쉽다."라고 말한다. 오미 하나하나를 제대로 이해하는 것이 향기 물질 전체를 이해하는 것만큼 가치 있다고 생각하기 때문이다. 더구나 내가 더 이상 MSG의 안전성에 관해 말할 필요 없고, 맛에만 집중할 수 있는 것도 좋지만 새로 다룰 만한 내용이 별로 없다고 생각했기 때문이다. 그리고 감칠맛 책을 쓰면 쓴맛과 단맛 책이 남는데, 쓴맛은 책으로 정리하기에 너무나 막연한 주제고, 단맛은 평소에 설탕의 오해 등에 너무 많이 말한 내용이라 흥미롭지 않았다. 그러다 쓴맛에 관해 책으로 정리할 만큼의 자료가 모이고, 감칠맛도 새롭게 알게 된 것이 많아져 책으로 다시 정리하게 되었다.

맛있는 요리의 공통점은… 최적의 감칠맛
감칠맛은 다양한 답이 있는 것이 매력이자 어려움

맛있는 요리의 공통점은 무엇일까? 나는 최적의 감칠맛이라고 생각한다. 물론 음식 맛의 근본은 짠맛이다. 내가 세상에서 가장 맛있는 것은 소금이라고 하면 고개를 갸우뚱하는 사람도 소금보다 맛있는 것이 있으면 가져와 보라고 하면 멈칫한다. 소금 대신에 그 원료를 넣어서 소금의 역할을 대체하겠다고 하면 소금의 역할을 인정할 수밖에 없다. 짠맛은 음식 맛에 결정적이지만 그것은 소금으로 쉽게 해결할 수 있다. 반면에 감칠맛은 해결책이 너무나 다양하다. 나라마다 요리마다 사용되는 감칠맛의 재료와 기술이 다르고 어떤 것이 최고의 감칠맛이라고 할 수 없다. 감칠맛은 너무나 다양한 답이 있는 것이 매력이자 어려움이다.

감칠맛은 워낙 알쏭달쏭하여 아직도 5원미의 하나로 제대로 인정받지 못하는 유일한 맛이기도 하다. 우리나라는 일찍부터 감칠맛은 인정해도 그 원천인 글루탐산(MSG)은 잘 인정하지 않았고, 서양은 맛있는 음식은 인정해도 감칠맛 자체를 인정하지 않았다. 그래서 오미 중 감칠맛에 대한 영어 단어가 없다. 단맛, 신맛, 쓴맛, 짠맛은 워낙 각자의 존재감이 강하고, 한 가지 원료로도 그 맛의 특징을 표현할 수 있다. 하지만 감칠맛은 MSG가 만들어지기 전까지 홀로 존재한 적이 없다. 다른 맛은 수천 년 전부터 인정받았지만 1908년 일본의 이케다 박사가 글루탐산이 감칠맛의 핵심이라고 주장해도 받아들여지지 않았다. 공식으로 받아들여지는 데는 100년에 가까운 시간이 필요했다.

감칠맛에 핵심적인 발견은 모두 일본인이 이룬 성과라서 지금 감칠맛의 공식 용어는 우마미(Umami)이지만 미국 소비자 중에 절반이 우마미가 무슨 뜻인지 모른다고 한다. 정말 인정받기 힘든 맛이다. 이에 비해 우리나라는 이케다 박사가 MSG를 만들자마자 즉시 받아들였다. 국물의 나라였기 때문에 그 맛을 바로 인정한 것이다. 사실 서양은 감칠맛의 물질인 글루탐산(1869년)이나 핵산(이노신산 1847년, 구아닐산 1894년)을 훨씬 먼저 발견했다. 단지 그것이 감칠맛의 핵심이라는 것만 몰랐다.

현대 요리의 거장 오귀스트 에스코피에는 1903년에 『요리의 길잡이 Le Guide Culinaire』를 펴냈는데 "실로 육수는 요리에서 모든 것이다. 육수 없이는 아무것도 할 수 없다. 좋은 육수를 만들면 나머지는 쉽다."라고 감칠맛에 대한 핵심을 밝혔다. 이처럼 감칠맛의 분자나 그

활용은 일본보다 앞섰지만 독립된 맛으로 발굴해 내지는 못했다. 서양이 오랫동안 감칠맛을 5원미의 하나로 인정하지 않은 것은 감칠맛을 독립적으로 경험할 기회가 없었기 때문일 것이다. 에스코피에도 손님에게 육수를 따로 대접하지 않았고, 여러 소스를 만드는 원료로만 사용했다. 더구나 그 육수에는 팬 바닥에 눌어붙은 갈색 혼합물이 사용되었는데 여기에는 향미 물질이 가득하다. 서양은 감칠맛을 고기, 치즈, 소스처럼 향과 같이 경험했지, 감칠맛 단독으로 경험할 기회가 없었다.

국물의 나라 한국, MSG를 즉각 받아들여
한국인은 들숨보다 날숨 향에 유난히 예민

반면 우리나라는 몇 시간씩 고기를 우려 향(Top note)을 거의 날려버린 국물 요리를 정말 좋아했다. 향을 최대한 줄이고 섬세한 감칠맛이 주도하는 국물을 먹어본 경험이 많아서인지 코로 공기를 들이켜면서 맡는 들숨의 냄새에는 별 관심이 없고, 음식을 먹을 때 입안에서 휘발한 향이 목뒤로 넘어가면서 느끼는 날숨의 향에 유난히 예민한 편이다. 그래서 MSG가 감칠맛을 높인다는 효과를 바로 인정한 것이다.

이번 책에서는 이런 감칠맛의 과학적인 배경과 함께, 감칠맛을 내는 재료에 대해 좀 더 자세히 알아보고자 한다. 국물의 재료를 중심

감칠맛

으로 간장, 다시마, 가쓰오부시(dried bonito), 버섯, 채소 등 다양한 감칠맛 재료의 특성에 대해 정리해보고자 한다. 그리고 단백질의 근본이라고 할 수 있는 고기 이야기를 해보려고 한다. 소고기, 돼지고기, 닭고기의 특성 그리고 고기의 식감과 맛을 좌우하는 근육, 콜라겐(collagen), 향미 성분에 관해 이야기하려 한다.

2024. 7. 최낙언

차례

Part 1. 감칠맛의 과학

1장 | 감칠맛이 가장 늦게 발견된 이유

2장 | 아미노산계 조미료 : 글루탐산

Part 2. 감칠맛의 재료

Part 3. 국물과 고기 이야기

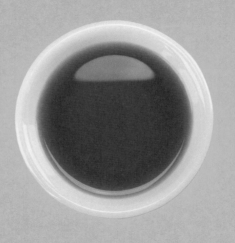

Part 1.

감칠맛의 과학

1장

감칠맛이
가장 늦게 발견된 이유

감칠맛은 불과 100여 년 전에 발견되었다

감칠맛은 혀로 느끼는 오미 중에 겨우 100여 년 전, 가장 최근에 밝혀진 맛이다. 서양은 '4원소설' 등의 영향을 받은 것인지 오랫동안 맛도 4가지라고 믿었고, 동양은 음양오행 등의 영향때문인지 매운맛을 포함한 오미를 믿었다. 하지만 매운맛은 혀에만 존재하는 미각이 아니라 온몸의 피부에 존재하는 온도 수용체로 느끼는 것이다. 그러니 고춧가루의 매운맛은 혀가 아닌 부위에서도 화끈하다고 느낄 수 있다. 이런 감칠맛의 발견에 결정적 계기를 마련한 사람이 이케다 기쿠나에(池田菊苗) 박사다.

이케다 박사는 1864년 사쓰마(薩摩) 번주(藩主) 이케다 하루나에(池田春苗)의 아들로 교토에서 태어났다. 1899년에 국비 유학생으로 독일에 유학하였고, 귀국 후 1901년에는 도쿄제국대학 이과대학 화학과 교수로 부임하였다. 이케다 박사는 독일 유학 중 화학이 사회에 유익하고 나라를 부강하게 하는 모습을 직접 목격했다. 또한, 독일인의 체격에 압도되어 일본이 앞으로 발전하기 위해서는 일본인의 체격 향상이 필요하다고 생각하여 영양 개선에 대해서도 생각하게 되었다. 그러다 음식을 맛있게 하는 것이 소화를 돕는다는 논문을 읽고, 일본 국민의 건강에 도움이 되는 저렴한 조미료를 개발하겠다고 결심했다.

당시 서양은 혀로 느끼는 기본 맛은 4가지이고 모든 맛은 이 4가지 기본 맛을 혼합하여 얻을 수 있다고 생각했다. 그러나 이케다는 독일에서 처음 접한 치즈나 토마토 같은 식재료에도 뭔가 공통된 맛이 있는데, 그것은 다시마나 가쓰오부시(가다랑어포)의 육수에서 '맛있다'라고 느끼는 맛이며, 그 맛은 4가지 기본 맛의 혼합으로는 얻을 수 없다고 생각했다. 그는 1908년 2월, 12kg의 다시마 추출액에서 30g의 글루탐산을 분리하여 그 염이 감칠맛 성분임을 발견했다. 그리고 글루타메이트의 맛을 제5의 기본 맛 "우마미"라고 명명하고, 1912년 미국에서 개최된 제8회 국제응용화학회에서 그 사실을 발표했다.

글루탐산 자체는 이케다 박사보다 46년 앞선 1866년에 독일의 화학자 하인리히 리트하우젠이 밀 글루텐에서 발견했으나, 그것이 감칠맛의 핵심이라는 것은 알지 못했다. 또 다른 핵산계 조미료인 이노신산도 오다마 신타로(小玉新太郎) 박사보다 64년 앞선 1847년에 독일

감칠맛

의 화학자 리비히(Justus von Liebig, 1803-1873년)가 소고기 추출물에서 발견했고, 구아닐산도 쿠니나카 아키라(國中明)의 1960년보다 66년 앞선 1894년에 발견하였다. 하지만 그것이 감칠맛의 핵심 원료라는 것은 알지 못했고, 일본이 감칠맛에 대한 여러 증거를 제시해도 감칠맛을 5원미의 하나로 인정하지 않았다. 감칠맛은 스스로 드러나는 맛이 아니라, 알아야 발견할 수 있는 맛이기 때문이다.

이케다 박사의 맛에 대한 연구는 처음부터 음식이 맛있어야 소화가 잘되고 일본인의 체격을 키울 수 있다는 생각에서 시작했으므로 단지 감칠맛의 소재를 발견하는 데 만족하지 않고 상품화를 모색했다. 글루탐산을 다시마에서 추출하는 것으로는 대량 생산할 수 없다. 글루탐산은 아미노산의 일종이므로 밀이나 콩을 원료로 그 단백질을 분해하여 아미노산의 혼합물을 얻고 거기서 글루탐산을 추출하는 방법을 발명하여 1908년 4월 24일 '글루탐산염을 주성분으로 하는 조미료 제조법'으로 특허 출원했다. 그래도 감칠맛이 세계적으로 공인을 받기까지는 많은 시간이 필요했다.

글루탐산의 발견에 이어 핵산계 조미료도 일본인에 의해 발견되었다. 이케다 박사의 제자인 고다마 신타로(小玉新太郎)가 가쓰오부시 추출물에서 이노신산을 발견했다. 가쓰오부시에 유난히 많은 이노신산의 히스티딘 염산염이 감칠맛 물질이었다. 5-IMP는 가쓰오부시를 만들 때 삶아 익히고 볶는 과정에서 체내의 ATP가 분해되어 생성된다. 이노신산 자체는 1847년에 이미 독일의 화학자 리비히가 쇠고기에서 발견했지만, 감칠맛을 낼 수 있는 분자라는 것을 알아차리지 못했다. 더구나 당시에는 그것을 대량으로 생산할 방법도 없었다.

다시마 국물의 특별한 점

일본이 감칠맛의 과학에서 최선두가 된 것에는 서양과는 다른 일본의 식재료와 식문화가 큰 역할을 했다. 일본의 요리는 '다시(だし Dashi)'를 활용하는 것이 특징인데, 다시마 같은 글루탐산 소재와 가쓰오부시 같은 이노신산 소재를 같이 활용한다. 다시마를 추출하면 20가지 아미노산 중에서 감칠맛을 내는 글루탐산과 아스파트산만 들어 있어서 자연물 중에서는 가장 순수한 MSG와 비슷할 정도로 성

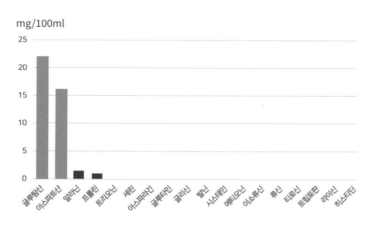

• 다시마 육수의 아미노산 조성 •

감칠맛

분이 단순하다. 그만큼 분리 정제의 필요가 없이 감칠맛의 증명이 쉬웠다.

가쓰오부시 국물의 특별한 점

가쓰오부시의 국물은 다시마 국물처럼 그 추출물의 성분이 단순하지 않다. 그래도 다시마 국물에 이노신산과 히스티딘이 추가된 형태라 다른 어떤 소재보다 핵산계 감칠맛을 발견하기 쉬웠다. 그리고 일본 요리에는 '다시'를 통해 감칠맛을 더하는 문화가 있기 때문에 감칠맛의 존재를 쉽게 받아들였다.

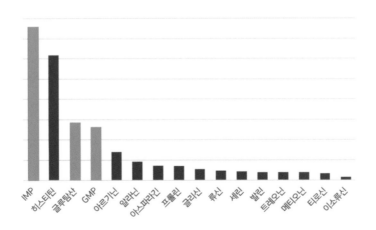

• 가쓰오부시 추출물의 성분 비율 •

감칠맛이라고
꼬집어 말하지 못했을 뿐
활용은 오래되었다

글루탐산이 발견되고 상품화된 것은 최근 100년 남짓이다. 소금이 사용되기 시작한 때가 5,000년 전이고, 꿀이나 설탕이 사용된 것도 4,000년 전, 식초가 사용된 것은 3,500년 전이라고 하는데, 글루탐산은 다른 맛보다 수천 년이 더 늦게 활용되기 시작한 것이다. 그렇다고 감칠맛을 100년 전부터 활용한 것은 아니다. 훨씬 전부터 세계의 모든 요리가 감칠맛을 추구했다.

우리나라에서는 지미(旨味, 맛있는 맛), 자미(滋味, 자양분이 많고 좋은 맛), 전라도에는 '개미지다', 제주도에는 '배지근하다'와 같은 말이 유사한 의미로 쓰였다. 감칠맛은 음식의 맛이 맛깔스럽게 당기는 맛, 감치는 맛이라고 했으니 그 존재는 느끼고 있었다. 우리나라는 국물 음식

감칠맛

이 발전하여 설렁탕이나 냉면을 맹물에 낸 것과 잘 끓인 육수에 낸 것의 차이를 알고 있었고, 감칠맛이 약간 부족할 때 MSG를 넣으면 그 효과를 즉시 느낄 수 있어서인지 다른 어떤 나라보다 빨리 받아들였다.

서양에서는 감칠맛에 대한 이해와 인식이 좀처럼 확산되지 않았다. 지금도 미국인의 절반은 우마미가 뭔지 모른다고 하는데, 서양 고기와 치즈 같은 감칠맛이 풍부한 식재료를 많이 사용하지만, 이들은 항상 특유의 향과 같이 있어서 감칠맛만 따로 경험할 기회가 없었던 것이다. 토마토나 치즈 등 원래 감칠맛이 풍부한 식재료를 많이 사용하는 이탈리아 사람들에게 감칠맛은 공기와 같은 존재로, 굳이 의식하지 않아도 되는 것이다.

그러다 1985년 일본의 주도로 감칠맛에 관한 최초의 국제심포지엄이 개최된 이후 조금씩 인식되기 시작했고, 1997년 생쥐의 맛봉오리에서 그리고 2000년 사람의 혀에서도 감칠맛 수용체(mGlu4)를 발견되었다. 더 이상 부정할 수 없는 과학적 진실이 된 것이다. 영어로 meaty, savory, mouthfulness 등으로 표현되던 감칠맛이 점점 우마미(うま味, umami, 맛난맛)로 정착되고 있다.

먹어야 산다. 먹는 즐거움만큼 지속적이면서 커다란 즐거움은 없다. 그래서 맛을 평생을 찾아오는 유일한 즐거움이라고 한다. 그 맛을 지배하는 5가지 맛 중에서 깊은 맛을 주는 감칠맛, 그 맛을 말할 때마다 일본어인 우마미가 쓰이는 것은 일본인에게는 노벨상보다 훨씬 자랑스러울 것이다.

1-3 감칠맛은 존재감이 뚜렷하지 않은 알쏭달쏭한 맛이다

감칠맛이 이처럼 뒤늦게 5원미의 하나로 인정을 받는 데에는 여러 이유가 있겠지만 단맛의 꿀이나 설탕, 신맛의 식초, 짠맛의 소금처럼 단일 물질로 강력한 맛을 내는 것이 없었던 것도 큰 원인일 것이다. 감칠맛은 고기나 장류처럼 향이나 다른 맛 성분과 같이 맛을 보게 되지 오로지 감칠맛만 내는 소재가 없었다. 최근에야 MSG처럼 향이 없이 감칠맛만 나는 소재가 등장하였다. 그런데 MSG의 맛도 그렇게 특징적이지 않다. 순수한 MSG는 맛이 없고 음식에 적당한 양을 추가해야 그 역할을 하는데, 뚜렷한 맛이라기보다는 맛을 조화롭게 하고, 좋은 풍미의 경우 그 느낌을 좀 더 지속하게 해주는 등 풍부함, 복합미, 균형미 등이 특징이다. 그래서 감칠맛은 여전히 알쏭달쏭한 맛이고 이런 특징은 이케다 박사가 1912년 미국에서 열린 국제응용화학회에 발표한 강연 원고의 첫 부분에도 잘 표현되어 있다.

"주의 깊게 사물을 맛보는 사람은 아스파라거스, 토마토, 치즈, 고기의 복잡한 맛 속에서 공통적이면서도 전혀 독특하고 위의 어느 것으로도 분류할 수 없는 맛을 발견할 것이다. 그 맛은 보통 매우 약하고 다른 강한 맛에 가려져 특별히 주의를 기울이지 않으면 식별하기 어렵다. 만약 당근이나 우유보다 단맛이 없다면 '단맛'이라는 맛의 관념을 명확하게 알 수 없을 것이다. 마찬가지로 아스파라거스나 토마토만으로는 이 독특한 맛(감칠맛)의 개념을 명확하게 알 수 없을 것이다. 꿀이나 설탕이 단맛이 무엇인지 알려주듯이 글루탐산은 그 독특한 맛(감칠맛)에 대해 분명한 인식을 준다. 글루탐산나트륨 용액을 맛본 사람이라면 누구나 그 맛이 지금까지 잘 알려진 어떤 맛과도 다르다는 것을 금방 알 수 있을 것이다. 동시에 그 맛이 일상적인 식사의 복잡한 맛의 조합 속에서 아주 명확하지는 않지만, 항상 식별되는 독특한 맛과 같다는 것을 인정하게 될 것이다."

그리고 70여 년이 지난 1985년 하와이에서 열린 제1회 우마미 국제심포지엄에서 미국인의 감칠맛의 이해 현황이 소개되었는데, 미국인들은 감칠맛을 단맛, 신맛, 짠맛, 쓴맛의 어느 개념에도 해당하지 않는 맛, 모호한 맛 등으로 표현하고 있다. 이런 모호함 때문에 일본이 감칠맛을 본격적으로 알리고자 했을 때 큰 노력이 필요했다.

일본요리아카데미가 발족되고 2005년 3월 프랑스에 있는 젊은 프랑스인 셰프에게 감칠맛을 알리는 강의가 열렸다. 일본 요리의 핵심인 '다시'에 대한 강의는 교토에서 400년 이상의 역사를 가진 요정 '효테이(瓢亭)'의 당주가 맡았다. 전통적인 절차에 따라 만들어진 '다시' 샘플이 제공되었다. 그런데 놀랍게도 가장 먼저 제공된 다시마 육수를 시음한 프랑스인 셰프는 한결같이 '맛이 없다', '비린내가 난다', '요오드 냄새가 난다' 같은 평가를 내렸다. 함께 자리한 일본인은 도저히 예상하지 못했던 일이다. 다시마와 가쓰오부시를 같이 우려낸 다시도 '비린내가 난다'는 의견이었다. 그러다 소금과 간장, 그리고 유바와 채소 등이 곁들여진 국물이 되자 그들의 평가는 긍정적으로 바뀌었다.

이런 감칠맛의 체험을 통해 외국인 셰프가 보인 감칠맛에 대한 표현은 아래와 같은데 감칠맛(Umami)이란 직접적인 표현은 없었다.

- Savory

- Delicate and subtle

- Mellow sensation

- Earthy, musty and mushroom-like taste

- Taste is like a big meaty and mouthful.

- It makes your mouth water.

- Mouth watering

- Pleasant after taste with satisfaction

감칠맛

- Lingering sensation

- Subtle and ambiguous

- Full tongue coating sensation

- Fullness of taste that filled my mouth.

- It provides deep flavor and harmony and balance.

이런 여러 표현을 보고 감칠맛이면 감칠맛이지 뭘 이렇게 복잡하게 설명할까? 싶겠지만 이것은 당연한 현상이다. 막걸리를 먹어보지 않은 외국인에게 막걸리 맛을 설명하려면 말이 길어지고, 그 느낌이 전달도 되지 않는다. 맛이 말을 만든다는 것은 여러모로 사실인 것 같다. 김춘수 시인의 '꽃'에는 "내가 그의 이름을 불러주기 전에는 그는 다만 하나의 몸짓에 지나지 않았다. 내가 그의 이름을 불러주었을 때, 그는 나에게로 와서 꽃이 되었다."라는 문구가 있는데 맛도 정말 그렇다.

어른들이 뜨거운 국물을 마시면서 '시원하다'라고 하면 처음에는 그게 무엇을 말하는지 전혀 감을 잡지 못하지만, 경험이 쌓이면 뜨거움 속에서 시원함을 꼬집어낼 수 있다. 우리에게 '고소한 맛'은 너무나 당연한데 영어로 마땅한 단어가 없고 외국인에게 설명도 쉽지 않다. 이와 같은 단어는 생각보다 많다. 맛은 존재하는 것이 아니고 발견하는 것이며 발견한 것을 공유하기 위해서는 단어가 필요한 것이다.

2007년 월스트리트저널에 Umami에 관한 기사를 쓴 미국 기자 맥로린은 파르메산 치즈, 멸치, 닭고기 수프, 피자 등을 먹은 후 혀 전체가 무언가로 뒤덮인 것 같은 감각(full, tongue coating sensation)이 남는데 이것이 감칠맛이라고 설명한다. 서양 셰프들은 우마미는 다른 기본 맛과는 전혀 다른 맛의 질이 매우 미묘하고 모호한 맛이며, 그 특징은 부드러운 침의 분비가 지속되는 것, 혀 전체에 퍼져 다른 기본 맛보다 지속성이 있다는 것을 꼽고 있다. 다시마 육수를 입에 넣고 혀 위를 천천히 굴리듯 맛을 보면 혀 위에 은은하게 남는 미묘한 감각이 여운을 남기는 맛이라고 묘사한다.

2015년 7월 15일 런던에서 일본대사관이 주최한 'Umami Forum'에 80명의 영국에서 활동하는 푸드 저널리스트들이 모여 다시마 육수를 시음했지만 더 이상 '비린내가 난다', '맛이 없다' 등의 의견은 나오지 않았다고 한다. 감칠맛은 워낙 숨겨진 맛이라 이해에 상당한 경험과 시간이 필요한 것이다.

Mouthfulness   혀를 코팅하는 느낌   지속성 증가

Salivation   Balanced taste   Complexity

• 감칠맛의 대표적인 특징 •

감칠맛

1-4 MSG를 향미 강화제라고 표시하는 이유

MSG의 역치는 소금보다 낮다. 쓴맛과 신맛보다는 둔감하지만, 짠맛과 단맛에 비해서는 민감한 것이다. 그래서 소금보다 적은 양을 써도 되는데 특이한 점은 농도가 진해질수록 그 강도는 상대적으로 약하게 증가하는 점이다. 존재감은 있어도 타격감은 부족한 것이다.

감칠맛은 자체의 맛이 독특하기보다는 다른 맛을 상승시켜주는 효과가 크다는 것이 특징이다. 감칠맛 물질을 음식에 추가하면 맛 전체에 퍼짐과 지속성이 늘어나 전체적 풍미가 강화된다. 국물에 0.3% 정도의 감칠맛 물질을 첨가하면 더 맛있게 느껴지는 것이다. 이런 효과도 과하면 역효과가 발생하여 1% 이상 첨가하면 부정적으로 작용하기도 한다. 소금이나 설탕처럼 너무 많이 넣으면 맛의 균형이 깨어지는 것이다. 감칠맛 물질을 적당량 첨가하면 독특한 맛이 느껴지지 않고, 음식의 맛이 전체적으로 살아나고 매력적으로 변한다. 향이 좋아지고 다른 맛도 좋아진다.

닭 육수 추출물에 0.3%의 MSG를 첨가하면 육수의 구수한 향이 최대 2.5배까지 강화되는 것으로 나타났다. 어떤 식재료를 물에 삶은 것과 '다시' 국물을 내서 끓인 것을 비교하면 확실히 감칠맛의 역할이 드러난다. 그냥 물에 삶은 재료보다는 육수로 끓인 재료가 훨씬 재료 본연(?)의 맛이 난다. 이처럼 감칠맛은 자신의 독특한 풍미를 드러내지 않고 사용된 재료의 향미를 강화하는 역할을 하므로 향미증진제라고 한다. 그렇다고 이것을 제품 포장지에 표시하는 것은 유감이다.

우리나라의 표시 규정에는 MSG를 사용한 식품은 표장지에 L-글루

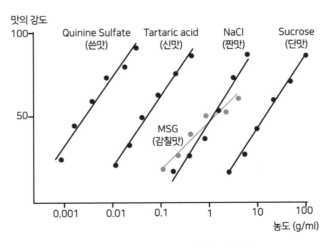

• 오미 성분의 농도에 따른 맛의 강도의 변화 •

감칠맛

탐산나트륨(향미증진제)라고 표시하게 되어있다. 원료명은 원래 한글로 표시해야 하므로 MSG(Mono sodium glutamate) 대신에 글루탐산나트륨이라고 표시하고 용도 표시로 향미증진제(Flavor enhancer)를 같이 표시하는 것이다. 설탕에는 감미료, 소금에는 염미료라고 표시하지 않는데 MSG에만 과도하게 친절하게 표시하는 것이다. 그러면서 MSG보다 훨씬 강력한 조미료(향미증진제)인 이노신산나트륨과 구아닐산나트륨에는 표시하지 않는다. 우리나라 표시사항은 여러모로 과도한 측면이 많다.

1-5 감칠맛은 지속성이 강하고 짠맛과 잘 어울린다

감칠맛은 자신의 존재감을 드러내는 것보다는 맛을 조화롭게 하고 여운을 길게 유지하는 역할을 한다. 짠맛(식염), 신맛(타르타르산), 감칠맛(글루탐산나트륨 및 이노신산나트륨)의 수용액을 사용하여 각 용액 10mL를 20초간 입안에 머금은 후 뱉어내고, 그 후 100초간의 맛의 강도를 5초 간격으로 측정한 실험이 있다. 신맛과 짠맛은 입에 넣은 직후에 미각 강도가 최대가 되고 이후 빠르게 감소하는 반면, 감칠맛은 뱉거나 삼킨 후에도 맛이 되살아나서 오래 지속되는 특징이 있다. 감칠맛은 지속성이 있고 여운을 남기는 맛이다. 적당한 지속성과 뒷맛은 식사에서 중요한 역할을 한다. 국물이나 각종 육수를 베이스로 만든 음식에서 감칠맛 성분은 입안에 오래 여운을 남긴다.

글루탐산의 자극 때문에 타액(침)의 분비가 촉진된다는 것이 1980년대 생리학 연구로 확인되었다. 신맛 자극에 의한 타액 분비 촉진 효과는 이미 알려져 있다. 신맛에 의한 타액 분비는 신맛의 자극을 완화하기 위해 반사적으로 일어나는 것으로, 신맛을 느낀 후 2~3분 후에는 정상상태로 돌아온다. 반면에 감칠맛의 경우 자극 후 10분이 지나도 정상상태보다 높은 타액 분비가 지속된다. 신맛에 의한 침은 대타액선에서 일어나고 감칠맛에 의한 침은 소타액선에서 분비되는 차이가 있다.

음식은 물이 없는 상태로 삼킬 수도 없다. 음식 속의 맛 물질은 입안에서 씹히면서 타액과 섞여 미각세포에 도달한다. 그리고 침은 생각보다 여러 가지 기능을 한다. 과거부터 맛있는 음식을 보면 군침이 돈다고 하는 것은 충분한 의미가 있었다. 고령자의 미각 이상과 그 개선

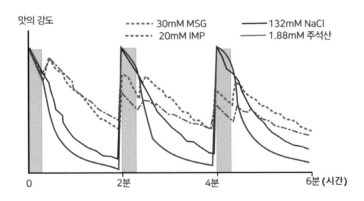

• 짠맛, 신맛, 감칠맛의 시간에 따른 강도 변화(S. Yamaguchi,1979). •
(각종 용액 10mL를 20초간 입에 머금다가, 뱉어낸 후 5초마다 2분간 맛의 강도를 측정)

을 위한 의사들의 노력으로 타액의 분비량이 증가하면 미각도 정상적으로 유지되는 것이 확인되어 미각 이상을 호소하는 환자들에게 타액 분비를 촉진하는 것이 효과적이라는 점이 주목받고 있다.

소금만 사용하는 것보다 MSG 같은 감칠맛의 소재를 같이 쓰면 적은 양의 소금을 쓰고도 충분한 맛을 낼 수 있다. 소금의 농도가 0.9~1% 정도에서 느끼는 맛을 MSG를 0.38% 넣으면 소금을 0.4%만 넣어도 충분히 낼 수 있다. 나트륨 저감화 효과가 있는 것이다. 핵산계 조미료도 마찬가지 기능을 한다.

맛에는 여러 가지 상호작용이 있다. 단맛에 짠맛을 일부 추가해도 단맛이 더 강해진다. 짠맛에 약간의 신맛을 추가하면 짠맛이 강해진다. 신맛이 강할 때 단맛을 추가하면 신맛이 약해진다. 신맛이 강할 때 짠맛을 추가해도 신맛이 약해진다. 쓴맛은 단맛이 있으면 덜 쓰게 느껴진다.

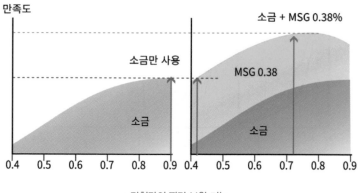

• 감칠맛의 짠맛 보완 기능 •

감칠맛

1-6 감칠맛의 발견 이후 6번째 맛에 관한 연구도 한창이다

5번째 맛인 감칠맛의 발견 이후 6번째 맛에 대한 관심도 많다. 아지노모토는 그 후보로 '코쿠미'에 대한 연구가 활발하다. 일본어 코쿠미는 음식의 맛이 '진한 상태'나 '뒤에 남는 상태'를 가리킨다. 카레, 스튜, 라면 등에서 진하고 자극이 오래 남으면 많은 일본인이 선호하며, 코쿠미가 있다고 표현해 왔다. 맛이 너무 달거나 진하거나 자극이 많다고 이 말을 하지 않지만, 감칠맛과는 다른 깊은 맛이 있다고 믿는 것이다. 이것은 맛, 향, 식감, 지속성 등 많은 자극 때문에 형성되는 복합적인 감각으로 추정한다. 코쿠미의 복합성은 음식의 재료를 장시간 가열하거나 숙성, 발효하면서 발생하는 다양한 맛 물질, 향기 물질 등의 조합으로 나타나며 이런 복합적인 자극이 여운이 있게 느껴지면 훌륭한 맛을 낸다는 것이다. 유지류도 향기 성분 등을 유지함으로써 맛의 지속성을 가져오는 효과가 있다.

그리고 그 자체로는 특정한 맛을 나타내지 않는 농도임에도 불구하고 감칠맛 용액이나 단맛 용액에 첨가하면 각각의 맛을 강화하는 물

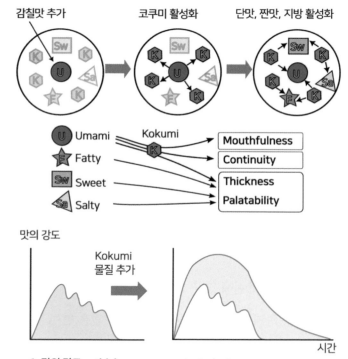

1. 맛의 강도 ... **thickness**, concentrated, strong
2. 확산성 Spread .... **mouthfulness**, tongue-coating sensation
3. 지속성 **Continuity** ... long-lasting, lingering taste, aftertaste
4. Richness ... complex, deep
5. Harmony ... mild, smooth, roundedness

• kokumi가 기호도에 영향을 미치는 기작 (Takashi Yamamoto, 2023). •

감칠맛

질이 발견되었고, 이를 '코쿠미물질'이라고 불린다. 대표적으로 글루타치온과 y−Glu−Val−Gly (y−EVG) 같은 것이다. 이들은 칼슘수용체(CaSR)를 활성화하여 맛을 강화하는 역할을 한다. 맛의 과학이 점점 복잡한 성분의 상호작용까지 설명하는 식으로 범위를 넓히고 있는 것이다.

- 일본(5미): 단맛, 짠맛, 신맛, 쓴맛, 매운맛

- 중국(7미): 단맛, 짠맛, 신맛, 쓴맛, 매운맛, 신선한 맛, 떫은맛

- 인도(8미): 단맛, 짠맛, 신맛, 쓴맛, 매운맛, 싱거운 맛, 떫은맛

- 고대 그리스(4미): 단맛, 짠맛, 신맛, 쓴맛

- 미국, 유럽(6미): 단맛, 짠맛, 신맛, 쓴맛, 금속맛, 소다맛

_ 조영광 《중화음식문화사》

2장

아미노산계 조미료 : 글루탐산

2-1 미각을 통해 생존에 필요한 영양분을 구분한다

맛에서 미각(혀)이 중요할까 아니면 후각(코)이 중요할까? 미각은 5가지에 불과하고 후각은 수용체만 400가지이고 그것으로 구분할 수 있는 냄새의 종류는 1조 가지가 넘을 정도로 다양하다. 이런 사실로부터 후각을 더 중요하게 여기는 사람도 있지만 실제 생존을 위한 음식의 가치판단에 더 직접 관련된 것은 미각이다. 생존을 위해 먹어야 하는 성분은 물, 탄수화물, 단백질, 지방, 미네랄 같은 것이지 향이 아니다. 향은 워낙 작은 양이고 열량소도 조절소도 아니기 때문에 영양적 가치는 없다.

미각이 생존 기관인 것은 "달면 삼키고 쓰면 뱉어라."라는 말에도 함축되어 있다. 에너지원인 탄수화물을 단맛으로 느끼고, 독이 될 가능성이 있는 성분은 쓴맛을 통해 걸러내는 것이다. 어떤 식재료든 마음에 들면 '달다'라는 느낌이 드는 것은 먹어야 할 당위성을 제공하는 것이 단맛이기 때문일 것이다. 3대 영양소에서 지방은 물에 녹지 않기 때문에 미각으로 느끼기 힘든 면도 있지만, 지방은 탄수화물만 있으면 합성을 할 수 있어서 필수적이 아니고 꼭 감각할 필요가 없다. 그러면 단백질은 무슨 맛일까? 단백질은 동물에게 물 다음으로 많이 필요한 성분이고 합성할 수 없으므로 감각할 필요가 있다. 식물은 주로 탄수화물로 만들어졌고 단백질은 아주 소량만 필요하지만, 동물은 몸체와 움직이는 근육을 만들기 위해 아주 많은 단백질이 필요하다. 인간은 16%의 단백질이 있어야 한다. 그중에 절반인 8%가 줄어들면 사망할 수 있다. 탄수화물은 1% 정도만 글리코겐 형태로 비축하고 지방은 생존을 위해 2~3% 정도가 꼭 필요하다.

감칠맛

2-2 단백질은 동물에게 가장 많이 필요한 영양분이다

동물은 단백질을 중심으로 살아가는 생명체다. 식품의 역할은 크게 연료(에너지원)의 역할과 몸체(엔진)의 역할이 있는데, 단백질은 동물에게 몸체 및 엔진과 같은 역할을 한다. 그러니 생명이 무엇이냐는 질문은, 결국 '단백질이 무엇이고 어떻게 작용하는가?'라는 질문에 가깝다. 단백질의 이해가 우리 몸과 생명현상 이해의 중심인 것이다. 유전자의 정보에 따라 평균 300~400개의 아미노산이 연결되어 단백질이 만들어진다. 구성하는 아미노산의 특성에 따라 수많은 형태가 만들어지고, 그 형태에 따라 다양한 기능을 한다. 우리 몸의 유전자는 2만 종이 넘으니 우리 몸에는 최소한 2만 종이 넘는 단백질이 있고, 면역 단백질까지 포함하면 10만 종 이상이 있다.

단백질은 우리 몸 곳곳에 존재한다. 동물세포에서 가장 흔한 단백질인 콜라겐은 워낙 튼튼하여 세포의 골격이나 질긴 힘줄을 만들고, 액틴과 미오신으로 된 근육은 우리가 움직일 수 있게 한다. 단백질은 감각수용체, 이온 펌프, 면역 수용체처럼 감각과 방어의 핵심을 이루기도 한다. 일부 단백질은 독특한 형태를 이용해 호르몬이나 신경전달물질로 작용하기도 한다. 손톱, 발톱, 햇볕으로부터 두피를 보호하는 머리카락, 피부처럼 겉으로 드러난 것도 주성분은 단백질이다. 세포골격과 세포 사이의 결합조직처럼 내부의 구조체도 단백질이다. 면역반응도 단백질 수용체에서 시작되고, 상처를 입으면 일어나는 조직 보호나 혈액 응고도 단백질이 하는 일이며, 끊임없이 일어나는 DNA 손상을 복구하는 효소도 단백질이다. 그리고 단백질은 영양분의 저장역할도 한다.

단백질의 역할은 단순히 우리 몸을 구성하는 데서 그치지 않는다. 단백질의 하나인 효소는 생명에 필요한 모든 분자를 만드는 분자이고, 생명현상에서 핵심 중 핵심인 분자다. 광합성을 통해 포도당을 만드는 것도 효소이고, 포도당 이용하여 탄수화물, 지방, 단백질 등을 만드는 것도 효소이고, 식물은 비타민도 모두 효소를 이용해 만든다. 유전자를 구성하는 핵산을 만들고, 유전자를 복사하고 관리하는 것도 효소다. 심지어 효소를 만드는 것도 효소(단백질)다. 그러니 생명현상에서 단백질의 기능을 하나하나 파악하는 일보다 단백질과 관련 없는) 현상을 파악하는 일이 훨씬 빠를 정도로 생명현상은 단백질 현상이라고 해도 무방하다.

2-3 식물에게 가장 귀한 자원은 질소원이다

단백질을 구성하는 아미노산의 합성도 포도당에서 시작된다. 예를 들어 알라닌은 피루브산에 아미노기만 붙이면 되는데, 피루브산은 포도당을 분해하여 에너지를 얻는 과정의 중간물질이라 쉽게 얻을 수 있지만 아미노기(질소)를 구하기는 쉽지 않다. 아미노산을 구성하는 원자 중에서 탄소, 수소, 산소는 포도당에서 쉽게 얻을 수 있지만 질소는 따로 구해야 한다.

사실 질소는 공기의 78% 차지할 정도로 흔하다. 문제는 공기 중의 질소(N_2)가 대부분 생물에게 아무 쓸모가 없다는 것이다. 암모니아(NH_3)나 질산염(NO_3) 같은 형태로 바뀌어야 쓸모가 있고, 이러한 변환을 질소고정이라 한다. 만약 식물에 적당량의 암모니아가 공급되지 않으면, 아미노산을 만들 수 없고, 단백질도 만들 수 없다. 그러면 식물도 사라지고, 식물을 먹고 사는 동물도 지상에서 사라지게 된다.

식물은 매우 독립적인 생명체다. 햇볕, 이산화탄소, 물만 있으면 자신에 필요한 유기물은 거의 다 만들 수 있다. 모든 탄수화물과 지방을 만들 수 있고, 아미노산이 되기 직전의 유기산도 만들 수 있다. 질소원(NH_3)만 있으면 단백질까지 만들 수 있지만 식물 스스로는 질소고정을 하지 못한다. 그래서 탄수화물 위주이지 단백질이 풍부한 식물은 별로 없다. 콩과식물은 예외적으로 단백질이 많은데 뿌리에 공생하는 뿌리혹균 덕분에 질소원을 충분히 공급받기 때문이다. 뿌리혹균은 콩과식물에서 포도당을 공급받는 대신에 공기 중의 질소를 고정하여 콩과식물에 공급하고, 주변의 다른 농작물에도 질소를 공급한다. 옛날의 농부들도 이런 사실을 짐작하고 있었기에 콩과작물을 다른 작물과 번갈아 경작하여 토지의 생산력을 높였다.

세상에는 1,000만 종이 넘는 생물이 있는데, 왜 질소를 고정할 수

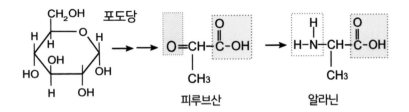

• 포도당에서 알라닌이 만들어지는 과정 •

감칠맛

있는 생물은 뿌리혹균, 시아노균, 조류뿐일까? 그 이유는 공기 중의 질소 분자(N_2)는 질소 원자 2개가 삼중결합($N≡N$)으로 너무나 강력하게 결합하기 때문이다. 그 강력한 결합을 분해하려면 강한 힘이 필요하다. 열로 그 결합을 깨려면 섭씨 1,000℃ 이상의 고온이 필요하다. 자연에서 그 정도의 에너지를 가진 것은 번개 정도다. 실제 번개로 질소고정이 일어나기는 하지만 그 양은 식물이 잘 자라기에는 턱없이 모자란 양이다.

질소고정을 위해서는 특별한 효소nitrogenase가 필요한데 사실 이 효소보다 중요한 것이 환경이다. 질소를 고정하기 위해서는 먼저 효소

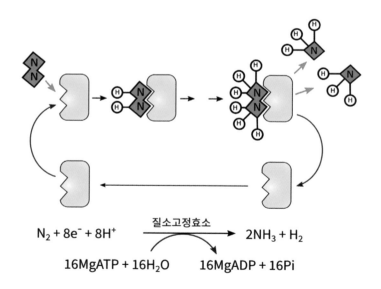

$$N_2 + 8e^- + 8H^+ \xrightarrow{\text{질소고정효소}} 2NH_3 + H_2$$
$$16MgATP + 16H_2O \quad\quad 16MgADP + 16Pi$$

• 질소고정 효소와 필요한 에너지 •

의 작용기에 질소 분자가 강하게 결합하여야 한다. 그래서 질소고정효소의 중심(작용기)은 철과 몰리브덴 또는 바나듐을 포함한 매우 복잡한 미네랄 복합체로 만들어져 있다. 이 미네랄 복합체는 질소보다 산소와 훨씬 더 쉽고 강력하게 결합하는 문제가 있다. 철이 산소와 잘 결합하기 때문에 만약 산소가 있다면 질소가 결합할 자리를 대신 차지하고 떨어지지 않는다. 그러면 효소가 본래 기능을 할 수 없다. 질소고정을 하려면 반드시 주변의 산소를 철저히 제거해야 한다. 콩과 식물은 해결사로 레그헤모글로빈leghemoglobin을 사용한다. 레그헤모글로빈은 뿌리에서 자주 발견되는 단백질로 미오글로빈과 유사한 분자인데, 산소와 결합력이 인간의 헤모글로빈보다 10배 정도 높다고 한다. 이 분자를 이용해 질소고정효소가 잘 작동하도록 산소를 제거해야 한다. 질소고정에 많은 ATP가 필요하고, ATP를 대량으로 만들기 위해서는 산소가 필요한데, 산소는 질소고정효소의 작동을 불가능하게 만든다. 이런 상반된 요구를 동시에 만족하기가 힘들어서, 질소고정 생명체가 그렇게 드문 것이다.

질소고정이 가능한 생물체는 플랑크톤이나 지의류와 공생하는 남세균류와, 알파파(alfalfa, 콩과의 여러해살이풀)나 클로버 또는 콩과식물의 뿌리에 공생하는 뿌리혹세균들이다. 이들이 질소화합물의 생산을 독점해온 것이다. 식물은 포도당을 생산해서 질소고정균에게 주고, 대신에 암모니아(NH_3)를 얻는다. 인류도 질소고정이 가능해진 것은 최근의 일이다. 1905년 독일 화학자 프리츠 하버Fritz Haber는 암모니아를 인공적으로 합성할 수 있다는 사실을 밝혀냈다. 하지만 질소고정에는 워낙 고온 고압이 필요해서 양산을 위해서는 적절한 촉매를 찾아야 했다.

　이 촉매 문제를 해결한 과학자가 카를 보슈Carl Bosch다. 그는 2,500여 종의 고체 촉매를 사용해 만 번 이상의 실험을 했고, 결국 성능이 뛰어난 철 화합물 촉매를 발견하였다. 그런데 이 촉매를 사용하여도 암모니아를 합성하려면 섭씨 500℃의 고온과 200기압이라는 고압을 견디는 설비가 필요했다. 그만큼 어려운 것이다. 지금은 세계적으로 매년 1억 톤이 넘는 질소비료가 생산되어 인류의 식량의 확보에 결정적인 역할을 한다. 비료가 없으면 당장에 수십억의 인류가 굶어야 하는데, 그동안 많은 사람이 화학비료라고 폄하하였고, 천연의 비료를 사용해야 영양이 우수하다고 믿기도 했다. 영양 성분은 당연히 유기농과 아무 차이가 없다. 이런 화학에 대한 공포가 비료뿐만 아니라 식품, 의약품, 생활용품 등 모든 제품에서 이어졌고, MSG에 대한 화학적 공포로도 이어졌다.

2-4 20가지 아미노산 중에 글루탐산을 감각하는 이유

단백질은 생존에 필수적이고, 우리는 단백질 합성에 필수적인 질소원을 합성할 수 없으므로 적절히 섭취해야 한다. 결국 단백질이 풍부한 식품을 파악하는 능력이 필요하다. 단백질 자체는 크기가 너무 커서 감각할 수 없고, 그것을 구성하는 아미노산으로 분해된 상태일 때 감각할 수 있다. 문제는 단백질을 구성하는 아미노산은 20종에 달한다는 것이다. 그럼 20종의 아미노산을 모두 감각해야 할까? 감각 수용체의 종류가 많을수록 정교한 감각이 가능하겠지만 그만큼 많은 유전자와 유지비용이 필요하다.

결론을 말하면 우리 혀는 20종의 아미노산 중에 글루탐산을 감칠맛으로 감각한다. 단백질을 구성하는 개별 아미노산의 맛은 당연히 단맛, 짠맛, 신맛, 감칠맛, 쓴맛 중 하나이다. 짠맛은 나트륨 이온, 신맛은 수소이온의 맛이므로 사실 단맛, 감칠맛, 쓴맛 중의 하나이다. 혀에 존재하는 쓴맛 수용체가 25종이라 쓴맛으로 느낄 가능성이 높다. 분자량이 작거나, 친수기(-OH)가 있는 아미노산은 단맛으로 느낄 가능성이 높다.

아미노산 중에 카복실기를 가진 산성 아미노산인 글루탐산과 아스파트산을 감칠맛으로 느낀다. 글루탐산이 아스파트산보다 분자 길이가 약간 길고 감칠맛도 3배 이상 강하다. 더구나 양도 2배 이상 많다. 따라서 아미노산 중에서는 글루탐산이 감칠맛의 핵심인 것이다. 그렇다고 감칠맛 수용체가 이 두 가지 아미노산에만 반응하지는 않는다. 단맛 수용체는 에너지원으로 쓸 수 있는 당류를 감각하기 위한 것이지만 실수로 전혀 칼로리가 없는 사카린, 아세설팜 등과 반응하듯이 감칠맛 수용체도 유사한 작용기(결합 부위)를 가진 여러 물질에 반응한

아미노산의 종류와 맛

맛	아미노산
단맛	친수성 아미노산 : 글리신, 알라닌, 트레오닌, 세린
감칠맛	**산성 아미노산 : 글루탐산, 아스파트산**
쓴맛	염기성 아미노산 : 아르기닌, 라이신, 히스티딘 비극성 아미노산 : 페닐알라닌, 트립토판, 분 지형 아미노산 : 류신, 이소루신, 발린 황함유 아미노산 : 메치오닌, 시스테인

다. 감각기관도 가성비가 중요하다. 감각은 충분히 정교한 것이지 완벽하게 정교하지는 않다.

20종의 아미노산 중에 왜 하필 글루탐산일까? 단백질을 구성하는 아미노산 중에서 우리 몸이 합성할 수 있는 것을 비필수 아미노산이라고 하고, 합성할 수 없어 음식으로 섭취해야 하는 것을 필수 아미노산이라고 한다. 글루탐산은 우리 몸에서 쉽게 전환이 가능한 비필수 아미노산이고, 음식에도 많고 우리 몸에도 많은 아미노산이다. 이런 글루탐산보다 우리 몸에서 합성할 수 없어 반드시 음식으로 섭취해야 하는 필수 아미노산을 감각하는 것이 효과적일 것 같은데 왜 합성하기 가장 쉽고 가장 흔한 글루탐산을 감각하는 것일까? 이 질문은 "우리 몸은 왜 다양한 미네랄 중에서 가장 흔한 나트륨(소금)을 짠맛으로 감각할까?"와 같은 질문일 것이다. 우리는 세간에 흔한 영양이나 건강 정보에 현혹되어 비타민처럼 우리 몸이 만들지 못하고 음식으로 섭취해야 하는 미량성분을 대단한 성분으로 평가하는 경향이 있다. 하지만 비타민은 합성하지 못하는 것이 아니라 안 하는 것이라고 보는 것이 맞다. 비타민은 유기물이고 식물은 자신이 필요한 비타민을 포함한 모든 유기물을 합성하는데, 동물이라고 비타민 같은 것을 합성하지 못할 이유는 없다. 평상시에는 음식을 통해서 충분히 섭취할 수 있어서 굳이 합성하지 않는다고 보는 것이 맞을 것이다. 실제 비타민 중에 가장 많은 양(하루 0.06g)이 필요한 성분인 비타민 C의 경우 식물뿐 아니라 영장류 일부를 제외하고는 대부분이 동물이 스스로 합성한다.

감칠맛

모든 생명체는 구성하는 원자와 세포 단위까지 비슷하다. 우리는 음식을 개별성분으로 먹지 않고 쌀, 밀가루, 채소, 고기, 생선처럼 생명의 기본단위인 세포 상태로 먹는다. 그러니 염화나트륨을 제외한 미네랄과 비타민은 음식(식물이나 동물)을 통해 충분히 공급받기에 굳이 따로따로 감각할 필요가 없다. 우리는 단백질을 식재료에 포함된 단백질의 상태로 먹지 개별 아미노산을 따로따로 먹지 않는다. 생존에 충분한 양의 단백질을 확보하면 특정 아미노산의 부족을 걱정할 필요가 없다. 그러니 20종의 아미노산 중에서 글루탐산 한 가지만 느껴도 되는 것이다.

동물의 감각기관은 생존을 위해 부족하기 쉬운 것이나 피해야 할 것을 감각해야 한다. 많은 양이 필요해서 부족하기 쉬운 칼로리(열량소)는 가장 역치가 높아 많은 양을 먹어야 만족하게 느끼고, 소량으로 치명적인 독이 될 수 있는 것은 쓴맛으로 가장 민감하게(역치가 낮게) 느낀다. 동물의 혈액의 구성하는 미네랄의 86%가 염화나트륨인데, 식물은 피가 없으니 나트륨이 거의 없다. 식재료에 항상 부족하기 쉬운 염화나트륨을 짠맛으로 느낀다.

2-5 글루탐산은 아미노산 중에서 가장 흔한 편이다

자연에 글루탐산은 얼마나 있을까? 모든 생명체에는 단백질이 있고, 단백질을 구성하는 아미노산 중에 가장 흔한 것이 글루탐산이라서 식재료에 아주 흔한 편이다. 그러니 음식을 섭취하여 소화되면 우리 몸의 장이 흔하게 접하는 성분이 포도당과 글루탐산이다. 우리가 먹는 것의 절반 이상은 포도당이라는 딱 한 가지 분자이고, 2번째로는 글루탐산일 가능성이 높다.

여러 식재료의 단백질에서 아미노산의 조성을 살펴보면 보통 글루탐산이 가장 흔한 편이다. 아미노산은 총 20가지이므로 5%가 평균인데, 어떤 아미노산은 이보다 많고 어떤 아미노산은 적다. 글루탐산은 15% 정도라 평균의 3배 정도인 셈이다. 소에 많으니 고기와 우유, 치

감칠맛

즈, 요구르트 등 젖소가 만들어 내는 모든 부산물에는 글루탐산이 많고, 닭에 많으니 달걀에도 많다. 수산물에도 글루탐산이 많다. 콩에 많으니 콩나물, 두부뿐만 아니라 된장, 고추장, 간장 등 콩 가공식품에도 글루탐산이 많다. 밀에 많으니 모든 빵, 국수 등과 같은 밀가루 제품에도 글루탐산이 많다. 커피, 코코아는 물론 과일에도 가장 흔한 아미노산이 글루탐산이다.

다양한 단백질에서 글루탐산 비율(%)

단백질 종류	글루탐산%	단백질 종류	글루탐산%
소고기	15.5	밀 Gliadin	43.7(글루타민)
우유	17.8	밀 Glutenin	35.9
모유	17.0	옥수수 Zein	31.3
닭고기	15.9	쌀 Oryenin	14.5
달걀(전란)	11.9	콩 Glycinin	19.5
달걀(난백)	12.7	땅콩 Arachin	19.5
돈육	15.5	커피	34.8
고등어	15.5	토마토	37.0

모유에 가장 흔한
유리 아미노산도
글루탐산이다

2-6

아이가 태어나면 6개월 정도는 젖만 먹고 자란다. 이런 모유에는 유리 아미노산이 풍부한데, 유리 아미노산 중에는 글루탐산의 함량이 44% 정도로 된다. 20종의 아미노산 중에 글루탐산 한 가지가 40% 정도나 되는 것은 정말 이례적인 현상이다. 그리고 모유에는 우유보다 단백질(총 글루탐산)은 적으면서 유리 글루탐산은 10배나 많다. 엄마의 젖으로부터 단백질(글루탐산=감칠맛)을 좋아하도록 훈련받는 셈이다.

장 속에 사는 대장균에서 세포질에 존재하는 유리(free) 대사물질 농도를 측정한 결과 압도적으로 많은 것이 글루탐산이었다. 전체 231mM(밀리몰) 가운데 40%가 넘는 96mM이 글루탐산이다. 탄수화물 원으로 가장 많은 것이 FBP(fructose-1,6-bisphosphate)인데

15mM인 것에 비하면 정말 많은 양이다. 이렇게 글루탐산이 세포 내에 많이 존재하는 것은 그만큼 활용성이 좋기 때문일 것이다.

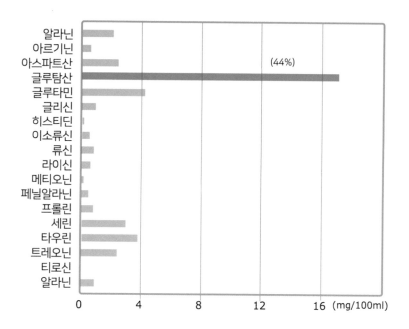

• 출산 7일 후 모유의 유리 아미노산 조성 (출처: 아지노모토 홈페이지) •

2-7 글루탐산이 아미노산의 근본이다

단백질을 구성하는 아미노산의 시작은 글루탐산이다. 식물은 이산화탄소와 물만 흡수하면 모든 탄수화물과 지방을 만들지만, 단백질을 만들기 위해서는 반드시 질소를 흡수하여야 한다. 이 질소는 대부분 뿌리에서 질산염(NO_3) 형태로 흡수되면, 식물 내부에서 아질산염(NO_2)을 거쳐 암모니아(NH_3)로 변하고 이것이 글루탐산과 결합하여 글루타민이 되면서 마침내 아미노산의 일부가 된다. 다른 아미노산의 합성에는 이렇게 글루탐산에 포획된 질소가 공급되어 만들어진 것이니 사실 모든 아미노산(단백질)의 어머니는 글루탐산인 셈이다.

모든 생명체에는 단백질이 있고 단백질은 아미노산으로 만들어진다. 아미노산 중 가장 흔한 것이 글루탐산이다. 우리 몸속에는 음식을 통해 섭취한 글루탐산도 많지만, 섭취량보다 훨씬 많은 양이 체내에서 생산되고 변환된다. 대표적으로 글루탐산은 뇌에서 주요 신경전달 물질로 작용하며, 뇌에서는 글루탐산과 글루타민의 변환이 매우 빠른 속도로 끊임없이 일어난다. 생명체에게 중요한 분자란 많이 합성하고 많이 소비하는 것이지, 적게 합성하거나 합성을 못 하는 것이 아니다. 글루탐산은 뇌 이외에도 간세포, 근육세포, 태반 세포, 이자 베타(β)세포, 면역세포에서 많이 쓰이며, 특히 장에서 많이 쓰인다.

만약에 신이 한 가지 분자를 몸이 필요한 만큼 저절로 만들어지게 해 주겠다면 무엇을 선택하는 것이 가장 효과적일까? 비타민, 항산화제같이 미량 필요한 것보다 우리 몸의 60% 이상을 차지하는 물을 택

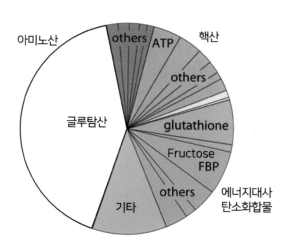

· 포도당에서 배양한 대장균의 free metabolites 조성
(Adapted from B. D. Bennett, Nature Chem. Biol., 5:593, 2009.) ·

하는 것이 훨씬 현명할 것이다. 물 대신 산소를 택하는 것도 그럴듯하다. 산소 공급을 위한 폐도 필요 없고, 폐가 필요 없으면 코로나나 감기에 걸릴 걱정도 없고, 미세먼지를 걱정할 필요도 없고, 익사의 걱정 없이 바닷속을 마음대로 수영할 수도 있을 것이다.

그런데 물과 산소의 필요성을 한꺼번에 해결할 수 있는 분자가 있다. 바로 포도당이다. 만약 포도당을 마음껏 쓸 수 있다면 유산소 호흡을 통해 굳이 힘들게 ATP를 만들지 않고, 넘치는 포도당을 이용해 무산소 호흡으로 ATP를 만들면 되기 때문이다. 정말로 이렇게 되면 생명체로서 인간의 개념과 설계가 완벽하게 바뀔 수 있다. 산소를 위한 폐도 필요 없지만 유산소 호흡을 통해 활성산소가 생길 것을 걱정할 필요도 없다. 노화와 질병도 그만큼 늦게 일어날 것이다.

포도당으로 모든 탄수화물과 지방을 만들 수 있는데, 이처럼 위대한 포도당으로도 만들 수 없는 분자가 있다. 바로 아미노산이다. 아미노산을 합성하기 위해서는 반드시 아미노기(NH_2)가 있어야 한다. 만약에 신이 내 몸 안에 한 가지 분자만 원하는 만큼 자동 생성되도록 해준다면 글루탐산 같은 아미노산을 선택하는 것이 현명하다. 글루탐산으로 다른 아미노산도 만들고 포도당도 만들 수 있어서 포도당으로 할 수 있는 모든 일을 할 수 있다. 이처럼 생명현상에서 가장 유용한 글루탐산을 가지고 그렇게 오랫동안 유해성 논란이 있었다는 것은 정말 유감스러운 일이다.

아미노산의 맛과
펩타이드의 맛

아미노산 20종은 제각각 맛이 다르다. 감칠맛 특성의 글루탐산과 아스파트산, 단맛 특성은 알라닌, 글리신, 프롤린, 세린, 트레오닌, 아스파라긴, 글루타민이고 나머지는 쓴맛 특성의 아미노산으로 분류하기도 한다. 그러나 이런 분류는 맛의 대표적인 특성을 표현할 뿐이다. 특정 아미노산이 단맛만 가지고 있거나 쓴맛으로 분류된 아미노산이 쓴맛만을 지니고 있다는 의미는 아니다. 단맛 아미노산인 세린과 글리신은 단맛과 더불어 약간의 감칠맛 특성을 같이 지니고 있다. 또한 쓴맛 아미노산이라고 알려진 여러 종류의 아미노산 또한 단순히 쓴맛이 아니라고 표현하기 힘든 복잡한 맛을 지니고 있다.

그리고 대부분 아미노산은 그 농도를 변화시켜도 기본적인 맛의 질이 변하지 않지만, 알라닌, 아르기닌, 글루탐산, 세린, 트레오닌은 농도에 따라 맛의 질이 변한다. 통상의 아미노산인 L형 대신에 D형의 아미노산은 단맛의 경향이 있고, 필수 아미노산은 모두 쓴맛을 가지고 있다.

이런 아미노산은 당류와 반응하는 메일라드 반응을 통해 향기 물질 생성에 기여할 수 있고, 글리신은 단맛을 가지고 있어서 희석식 술의 조미료로 오래전부터 사용되었다. 또한 고초균의 세포막 합성을 억제하는 효과가 있어 수산물 가공품 등에서 조미료의 역할과 함께 보존성 향상의 목적으로도 사용되었다. 이처럼 아미노산은 하나하나가 복잡한 맛을 가지고 있고, 다양한 역할을 한다.

이런 아미노산이 펩타이드 형태일 때는 더 복잡하다. 향기 물질은 분자량이 300이하로 제한적인데 맛물질은 20,000까지도 작용한다. 물론 작을수록 효율적이라 1,000 이하의 펩타이드가 맛에 영향을 준다. 저분자 펩타이드가 주요한 맛 성분이다. 아미노산이 두 개 이상이 결합한 펩타이드는 아미노산보다 훨씬 종류가 많다. 그리고 펩타이드도 종류마다 각각 맛이 다르다. 그래서 간장에 들어있는 아미노산과 펩타이드의 구성이 다르면 간장 맛이 다를 수밖에 없다. 20종류의 아미노산이 2가지만 결합해도 400종, 3개가 결합하면 8,000종이 생긴다. 이러한 다양한 종류의 조합 덕분에 우리는 간장에서 다양한 맛을 느낄 수 있다.

감칠맛

아미노산의 미각역치와 맛의 특징

아미노산	자극역 (mg/ml)	판별역 (%)	맛의 특징				
			짠맛	신맛	단맛	쓴맛	감칠맛
L-Ala	60	10			●		
L-Asp Na	100	20	◎				◎
Gly	110	10			●		
L-Glu	5	20		●			◎
L-Glu Na	30	10	○		○		●
L-His HCl	5	35	○	●		○	
L-Ile	90	15				●	
L-Lys HCl	50	20			◎	◎	○
L-Met	30	15				●	○
L-Phe	150	20				●	
L-Thr	260	7			●	○	
L-Try	90	10				●	
L-Val	150	30			○	●	
L-Leu	380	10				●	
L-Arg	10	20				●	
L-Pro	300	50			●	●	
L-Ser	150	15			●		○
L-Cit	500	20			◎	◎	
L-Orn	20	20			○	◎	
L-His	20	50				◎	
L-Asp	3	30		●			○

3장

핵산계 조미료 :
이노신산, 구아닐산

3-1 핵산이란 무엇인가?

요리를 하는 사람이 낯설게 느끼는 단어 중의 하나가 핵산 조미료일 것이다. 식당에서는 조미료로 MSG는 써도 핵산은 쓰지 않아서 그 덕분에 MSG가 화학조미료로 논란일 때 핵산 조미료는 같은 역할을 하지만 그 소동에서 벗어나 있었다.

핵산(Nucleic acid)은 흔히 DNA나 RNA로 알려진 인산을 뼈대로 많은 뉴클레오타이드(nucleotide)가 결합한 다중체(polymer)이다. 핵산의 기본 구성단위(단위체, Monomer)인 뉴클레오타이드는 인산, 5탄당(리보스 또는 데옥시리보스), 핵 염기(base)로 구성되어 있다. 인산, 당류는 공통이고 염기의 형태는 푸린계(아데닌, 구아닌)와 피리미딘계(시토신, 우라실, 티민)가 있는데, 감칠맛은 푸린계에 있다.

이 중에서 아데닌은 우리 몸에서 정말 여러 가지로 쓰인다. 생명의 기본 배터리인 ATP의 기본 형태이고, 주요 2차 신경전달물질인 cAMP, 크렙스 회로를 원활하게 작동하도록 도와주는 NAD, FAD, 코엔자임 A의 기본 분자이기도 하다. 그리고 우리의 유전자 정보를 담당하는 4개의 DNA 염기 중 하나이다. 이 물질도 여러 가지로 변형되는데 이 중에서 이노신산과 구아닐산을 감칠맛으로 느낀다. 이 두 분자는 단맛 물질과 유사한 부위가 있는데 이 부위를 감지하는 것으로 보인다. 핵산계 조미료는 MSG와 마찬가지로 이들 물질에 나트륨

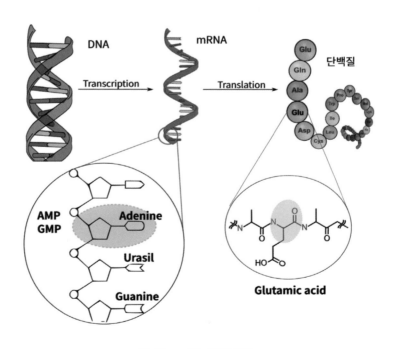

• 센트럴도그마와 감칠맛 성분 •

감칠맛

을 붙인 것이다. 이노신산나트륨이 쇠고기 맛을, 구아닐산나트륨은 버섯 맛을 낸다. 이것말고도 감칠맛으로 느껴지는 물질이 여러 개 있지만 비중이 크지 않다.

• ATP와 RNA로부터 만들어지는 핵산조미료 •

3-2 핵산계 조미료의 핵심은 이노신산

　일본에서 우마미 연구가 본격적으로 다시 시작된 것은 2차 세계대전이 끝나고 나서다. 1951년 도쿄대학 농학부의 사카구치 겐이치로(坂口謹一郎)가 핵산의 구성성분에서 우마미 물질을 탐색하는 주제를 설정하고 쿠니나카 아키라(國中 明)가 연구를 시작했다. 그의 연구는 야마사 간장에 취업한 후에도 계속되었다. 당시에는 왓슨과 클릭에 의한 DNA의 이중나선 모델이 제안되기 전이었고, 핵산 연구는 그다지 활발하지 않았다. 쿠니나카는 처음에는 맥주 효모의 핵산(RNA)을 누룩균의 효소로 분해하여 이노신산을 분리했다. 하지만 핥아보니, 이 이노신산은 감칠맛이 전혀 나지 않았다. 그래서 다시 가쓰오부시에서 추출한 이노신산을 핥아보니 강한 감칠맛이 났다. 그 차이를 자세히 알아보니 핵산에서 생성되는 이노신산에는 두 개의 다른 형태가 있었다. 리보스의 5' 위치에 인산이 결합한 5-IMP와 3' 위치에 인산이 결합한 3-IMP이다. 누룩 균의 효소로 RNA를 분해하면 3-IMP만 생성되어 감칠맛이 없었다.

IMP가 포함된 원료는 제법 많다. 일본에 가쓰오부시가 대표적이고 우리에게는 멸치가 대표적이다. 멸치는 글루탐산이 생각보다 작으나 이노신산(5-IMP)이 가장 많은 식품의 하나다. 멸치말고도 작은 생선에는 꽤 많다. 그리고 참치, 돼지고기, 닭고기에도 상당히 많다. 그런데 또 다른 감칠맛인 구아닐산(5-GMP) 원료가 드물다. 버섯류(표고버섯) 정도다.

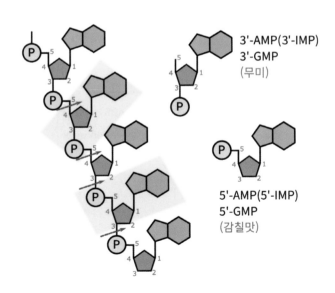

3'-AMP(3'-IMP)
3'-GMP
(무미)

5'-AMP(5'-IMP)
5'-GMP
(감칠맛)

• 3'-GMP는 무미, 5-GMP는 감칠맛 •

핵산계 조미료는 자체의 감칠맛보다는 글루탐산과 만났을 때의 상
승효과가 의미가 있다. 최대 7~30배가 증폭되기 때문이다. 따라서
대부분 요리에도 은연중에 이런 조합이 이용되어 왔다. 이 상승효과
를 과학적으로 안 것이 100년이 안 되었을 뿐 우리의 혀와 경험은 과
학 훨씬 이전부터 잘 알고 있었다. 고기를 좋아하는 이유도 마찬가지
다. 고기에 유리 글루탐산은 별로 없다. 하지만 IMP가 상당량 포함되
어 있다. 고기가 그렇게 맛있는 것이다. 더구나 고기는 소화되면서 단
백질이 분해되어 많은 유리 글루탐산이 생성되기 때문에 점점 고기
맛에 빠져들게 된다.

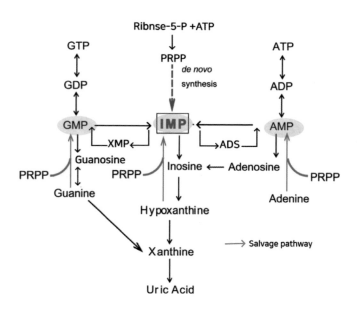

• IMP와 GMP 생합성 경로 •

감칠맛

3-3 건조 표고버섯에서 발견된 구아닐산

쿠니나카 등은 핵산 연구를 계속해 RNA에서 5'-이노신산(5-IMP)을 만드는 효소(5'-포스포에스터레이스: 현재의 뉴클레이스 P1)를 페니실리움 속 곰팡이에서 발견했다. 또한 이 효소를 이용해 핵산을 분해한 결과, 그 분해물 중 하나인 5'-구아닐산(5-GMP)이 강한 감칠맛이 있다는 것을 발견했다. 이것은 건조 표고버섯에 많이 함유되어 있고, 말린 표고버섯의 감칠맛이 이 물질에 의한 것임을 밝혀냈다. 5-GMP는 생표고버섯에는 거의 들어있지 않고, 표고버섯을 건조하는 과정에서 자체 효소에 의해 RNA가 분해되어 5-GMP가 생성된다. 구아닐산은 표고버섯에서 발견된 것이 아니고 핵산 분해물의 맛을 연구하다 발견하고, 그것이 어디에 많은지 찾다가 표고버섯에도 많다는 것을 알아낸 것이니 다른 맛의 발견과는 상당히 다른 전개인 셈이다.

이런 핵산 조미료의 특성을 정리하면 ATP나 RNA의 분해로 아데닐
산(AMP)이 만들어진다. 이것은 감칠맛이 약한데 인산이 떨어져 나가
면 무미가 되고, 아데닌 구조가 변경되어 IMP가 되면 가장 일반적인

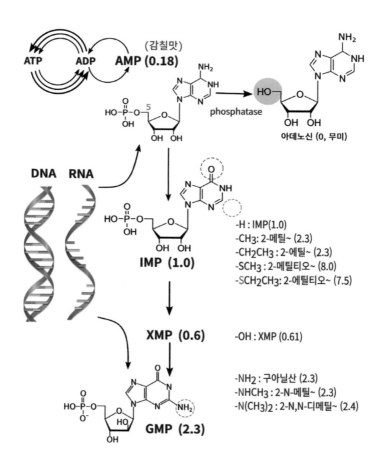

• 핵산조미료의 다양한 변형에 따른 감칠맛의 변화 •

감칠맛

핵산 조미료가 된다. 이것이 GMP로 전환될 수 있지만 식품에 존재하는 GMP는 주로 RNA에서 분해되어 만들어지는 것이라 ATP의 분해로도 만들어질 수 있는 IMP에 비해서는 그 양이 제한적일 수밖에 없다.

감칠맛의 강도는 이노신산(IMP) 1.0이라면 구아닐산(GMP)은 2.3으로 더 높고 AMP는 0.18로 가장 낮고 XMP는 0.6 정도이다. IMP와 GMP가 핵심인데, 정미 프로파일은 IMP가 빨리 느끼고 GMP가 느린 편이다. 용해도는 약간 차이가 있지만 둘 다 잘 녹는 편이다. 식품에서 핵산계 조미료의 핵심적인 기능은 자체의 감칠맛이 아니고 글루탐산과 상승작용에 있다.

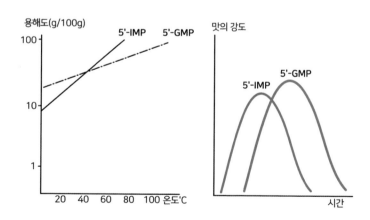

• 핵산조미료의 용해도와 맛의 변화 •

4장

감칠맛 수용체와
상승작용의 기작

우리 몸에는 다양한 글루탐산 수용체가 있다

혀에는 부위마다 다른 형태의 맛꼭지(유두)가 있고 맛꼭지에는 1~250개의 맛봉오리(미뢰)가 있고, 맛봉오리에 미각세포가 모여있다. 미각세포는 여러 섬모가 있고, 이 섬모에 존재하는 미각수용체로 음식물에 존재하는 맛 물질을 감각한다. 1개의 미뢰에는 50~100개의 미각세포가 존재하는데 여기에서 50개 정도의 미각신경이 뇌로 전달된다. 감각이 전기적 신호로 전달되는 것이다.

혀는 부위마다 민감도가 다르다. 혀의 특정 부위는 특정 맛만 느낀다는 것은 잘못된 것이지만 그렇다고 혀에 미각세포의 분포가 완전히 균일한 것은 아니다. 작은 원형 여과지를 설탕(단맛), 염화나트륨(짠맛), 타르타르산(신맛), 황산키니네(쓴맛), 글루탐산나트륨(감칠맛)의 수용액을 담근 뒤, 실험 대상자의 혀의 각 부위에 놓고 어느 부위에서 어떤 맛을 선명하게 느끼는지 조사한 결과, 감칠맛을 제외한 4가지 기본 맛은 혀끝, 혀측, 엽상유두 후방부에서 민감도가 높은 것으로 나타났다. 그런데 감칠맛은 혀의 후방부가 특이적으로 민감도가 높았다. 우리가 음식을 먹을 때는 이처럼 정지된 상태는 아니지만 감칠맛은 다른 맛보다 더 넓은 범위에서 느끼는 것으로 나타났다.

미각세포는 형태에 따라 I형, II형, III형, IV형의 4종류로 분류할 수 있다. II형 세포에는 단맛, 감칠맛, 쓴맛 수용체가 발현하고, III형 세포에는 신맛·짠맛 수용체가 발현하고 있으며, IV형 세포는 미뢰의 기저부에 있는 세포로 재생을 반복하는 줄기세포로 생각된다.

감칠맛 수용체는 단순하지만 세상에는 다양한 감칠맛의 재료가 있다. 글루탐산, 아스파트산 말고도, 단백질 합성에 참여하지 않는 테아닌, 베타인, 이보텐산 같은 아미노산도 있고, 카르노신이나 글루타티온 같이 아미노산이 몇 개 결합한 물질, 석신산(호박산) 같은 산미료도 감칠맛을 낸다. 핵산의 일종인 이노신산과 구아닐산도 대표적인 감칠맛 성분이다.

혀의 글루탐산 수용체는 단순하지만, 뇌에 존재하는 것은 더 다양하다. 글루탐산 수용체를 크게 2가지로 나눌 수 있다. 이온 통로가 있는 이온통로형 수용체(ionotropic Glutamate Receptor; iGluR)와 이온 통로가 없는 대사성 수용체(metabotropic Glutamate Receptor; mGluR)이다. 뇌에 있는 이온통로형이 많고, 혀에 존재하는 것은 대사성 수용체이다. 감칠맛이 다섯 번째 맛으로 완전히 인정받게 된 것은 혀에서 이 대사성(metabotropic)수용체가 발견되고 나서이다.

혀에 존재하는 감칠맛 수용체는 T1R1과 T1R3라는 두 종류의 단백질로 구성된다. G수용체 중에서 C타입으로 흔한 A타입에 비하여 4배나 큰 단백질이다. 다른 G수용체에 비하여 상단에 거대한 구조가 있어서 신호분자와 결합할 수 있는 부위가 1개가 아니라 여러 개이다. 따라서 다양한 방식으로 감칠맛 수용체의 활성을 조절할 수 있다. 상단의 그 거대한 구조에 억제물질이 결합하면 수용체의 다른 결합 부위가 불활성화되기도 하며, 어떤 물질은 감칠맛 물질이 평소보다 훨씬 강하게 결합하도록 수용체의 구조를 바꾸어주기도 한다. 그것이 감칠맛 상승효과의 원리다.

단맛수용체는 T1R2과 T1R3라는 수용체가 결합하여 만들어지는 것이므로 수용체 측면에서 감칠맛은 단맛과 가장 닮았다. 설치류에서는 T1R1/T1R3 수용체는 다양한 아미노산을 감각하지만, 인간은 돌연변

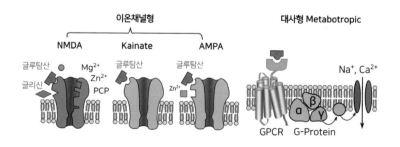

• 뇌에 존재하는 글루탐산 수용체의 유형 •

이로 인해 글루탐산 이외의 다른 아미노산과는 잘 결합하지 않는다.

　감칠맛 수용체는 혀에만 존재하여 감칠맛을 느끼는 것으로 끝나지 않는다. 글루탐산 수용체는 위나 장과 같은 소화관 및 위장관의 점막에도 존재하여, 영양소의 흡수를 중재하는 것으로 밝혀졌다. 글루탐산이 장에 있는 글루탐산 수용체를 자극하면 신경섬유를 통해 대뇌피질, 기저핵, 시상하부 등 뇌의 여러 부분을 활성화한다. 이 신호로 소화에 필요한 호르몬, 흡수에 필요한 호르몬 등을 분비하는 신호가 활성화된다. 장에서의 감각이 장–뇌 연결축(gut–brain axis)을 통해 뇌의 무의식 영역으로 전달되어 음식의 섭취에 영향을 주는 것이다. 또한 장에 있는 글루탐산 수용체는 글루탐산이 들어왔을 때, 점액을 분비

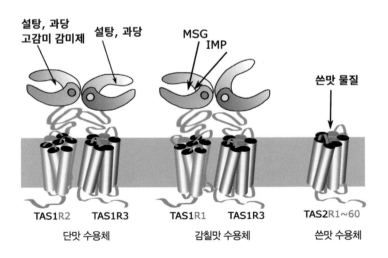

・ 단맛(T1R2+T1R3), 감칠맛(T1R1+T1R3), 쓴맛(T2R) 수용체의 구조 ・

감칠맛

하여 점막 보호 메커니즘을 활성화한다.

생리학자들은 위 내강에 글루탐산 수용체가 있어 이것이 글루탐산을 감지하면, 단백질 분해효소인 펩신과 위산의 분비를 높이는 신호를 보낸다고 밝혔다. 글루탐산 신호가 위에서 단백질의 소화 기작을 활성화하는 데 중요한 역할을 하는 것이다. 그리고 이 신호는 단백질이 풍부한 음식을 먹었을 때 포만감을 느끼도록 하는 신호를 만드는 데 도움을 준다. 위에 있는 수용체는 글루탐산에는 반응이 있어도 다른 아미노산에는 반응이 없다. 즉, 위에서의 단백질(아미노산)의 감각은 전적으로 글루탐산에 의존하는 것이다. 글루탐산이 단백질 대사의 선봉장인 셈이다.

만약에 감칠맛 수용체가 고장 나면

4-2

아무리 고기를 좋아하는 사람도 호랑이와 같은 고양잇과 동물만큼은 아니다. 고양잇과 동물이 탄수화물은 먹지 않고 고기만 탐하는 이유는 단맛 수용체의 유전자가 고장난 때문이라는 사실이 2005년에 밝혀졌다. 단맛 수용체가 없으니 단맛만 나는 것은 고무나 종이를 씹는 것 같은 맛이 없는 음식이 되는 것이다. 원래는 잡식동물에 속하는데, 어느 순간 단맛 수용체를 잃고 고기만 좋아하는 동물이 된 것이다. 고양잇과 동물은 육식에 맞도록 생리작용이 완전히 적응한 상태라 고기 대신 억지로 탄수화물 위주로 먹이를 공급하면 영양에 문제가 생긴다. 운명(먹이 사정)이 감각을 바꾸고, 감각이 바뀌면 운명이 바뀌는 것이다. 판다는 원래 초식과 육식을 같이 했지만, 약 700만 년

감칠맛

전 미각세포 중 감칠맛 수용체의 유전자에 고장이 나면서 고기 맛을 모르게 되었고 지금까지 대나무 잎만 먹고 살고 있다. 판다를 제외한 다른 곰들은 과일을 즐기면서 고기도 잘 먹는다. 과학자들은 어느 순간 판다의 서식지가 고립되어 고기를 구하기 어려워지면서 점차 초식의 의존도가 심해졌고, 마침내 감칠맛 수용체 유전자가 고장이나 식성이 완전히 변했을 것으로 추정한다. 지금의 판다는 고기를 주어도 감칠맛 수용체가 없어서 맛없다고 먹지 않는다.

이들보다 극단적인 변화를 겪은 것이 벌새다. 사람이 단것을 좋아한다고 하지만 벌새에 비하면 몇 수 아래다. 벌새는 하루에도 자기 체중 절반만큼의 단물을 먹고 산다. 새는 원래 공룡의 후손이고, 육식이나 잡식에 더 어울리는 종이다. 벌새가 단것에 그렇게 집착하는 것은 이례적인 현상이다. 그래서 미각수용체를 조사했더니 단맛 수용체는 없고 감칠맛 수용체만 있었다. 그런데도 감칠맛 대신 단것을 좋아하는 것이 의아해서 좀 더 조사한 결과, 벌새의 감칠맛 수용체는 글루탐산(고기 맛)에 반응하지 않고 단맛 물질에 반응하는 것을 발견했다. 감칠맛 수용체가 변형되어 단맛을 감각하는 수용체로 변형된 것이다.

운명(먹이 환경의 변화)이 감각을 바꾸고, 감각이 운명(먹을 수 있는 것)을 지배하는힘인 셈이다.

4-3 고양이가 츄르를 좋아하는 이유

고양이 간식계의 마약이라고도 불리는 츄르는 일본 이나바 펫푸드 사에서 제조하는 상품인데 지금은 일반명사처럼 쓰인다. 원래 가다랑어포를 만들던 회사인데, 반려동물 사료 시장에 뛰어들어 10여 년 전부터 츄르를 생산했다. 제품의 88%가 수분이고, 9%가 단백질이다. 눈에 띄는 원료가 참치, 참치추출물, 단백분해물, 아미노산 혼합제제 정도인데 왜 사자, 호랑이 등 대부분의 고양잇과 동물이 환장을 하면서 좋아할까?

2023년 풍미 과학자 스콧 맥그레인Scott McGrane가 발표한 연구 결과에 따르면 고양이의 감칠맛 수용체의 특별함 때문이라고 한다. 고양이는 육식동물의 특성에 맞게 단맛수용체가 없고, 쓴맛 수용체가 적

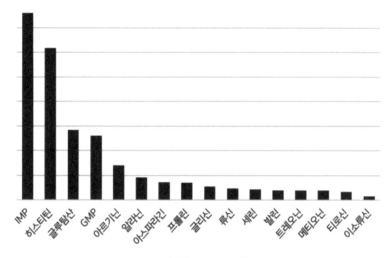

• 가쓰오부시 추출물의 성분 비율 •

다. 대신 감칠맛 수용체가 풍부하다. 그런데 감칠맛수용체가 인간과 다르다는 점이다. 감칠맛의 핵심 아미노산인 글루탐산과 아스파트산이 결합하는 중요한 부위(170번과 302번)에 돌연변이가 일어나 고양이는 이들이 결합하지 못한다는 것이다. 맥그레인은 세포 표면에 고양이 감칠맛 수용체를 발현하여 다양한 아미노산과 핵산을 노출하는 실험을 해 보았다. 사람과 달리 고양이는 핵산이 먼저 수용체를 활성화하고 아미노산이 그 반응을 증폭하는 방식으로 작용했다. 고양이의 감칠맛 수용체는 단독으로는 어떤 아미노산에도 반응하지 않지만, 먼저 핵산과 결합한 상태에서는 11가지 아미노산이 강화제 역할을 했다. 그중에 가장 효과가 강력한 것이 히스티딘인데, 핵산(이노신산)과 동시에 히스티딘이 유난히 많은 것이 참치이다.

사람은 글루탐산과 이노신산이 결합해야 7배의 감칠맛 상승작용이 있어서 다시마(MSG)에 가쓰오부시(IMP) 또는 멸치(IMP)를 조합해 사용하는데, 고양이에게는 참치(IMP + 히스티딘) 하나에 폭발적 감칠맛이 들어 있는 것이다. 그러니 식욕이 없는 고양이에게 가다랑어 조각만 뿌려 줘도 완벽한 조미가 되는 것이다. 인류는 글루탐산(아미노산)이 메인이고 핵산이 보조이지만, 동물계는 유전자(핵산)에서 단백질이 코딩되듯이 핵산(IMP)이 아미노산보다 먼저인 경우가 많다.

감칠맛의 상승작용이 강력한 이유

감칠맛은 한 가지 재료를 쓸 때보다 여러 가지로 나누어 쓰면 사용량에 비해 감칠맛이 엄청나게 증가한다는 것도 특징적이다. 이런 감칠맛의 시너지 효과를 구체적으로 발견한 사람은 구아닐산이 감칠맛이 있다는 것을 발견한 쿠니나카 아키라(國中明)이다. 손끝에 핵산계 조미료의 감칠맛을 확인하고, 입을 헹구지 않고 연달아 글루탐산을 핥았을 때, 입 안에서 감칠맛이 폭발하는 듯한 느낌을 받았다. 이런 감칠맛의 시너지 현상은 이후 야마구치 시즈코 등에 의해 수치화되었다. 그리고 핵산계와 아미노산계를 혼합한 조미료의 상품화로 이어졌다. 감칠맛의 상승효과는 쥐, 진돗개, 침팬지 등의 동물 실험을 통해 확인되고 있다.

국가별 감칠맛의 재료를 조합하는 형태

국가	글루탐산 원천	이노신산 원천
서양	양파, 당근, 샐러리	+ 고기, 뼈
한국	다시마	+ 멸치
일본	다시마	+ 가쓰오부시
중국	배추, 파	+ 닭 뼈

이처럼 감칠맛의 시너지 효과가 구체적으로 밝혀진 것은 1960년대 이지만 요리를 하는 사람들은 훨씬 오래 전부터 경험적으로 알고 쓰고 활용하고 있었다. 일본은 다시마와 가쓰오부시를 결합해서 쓰고, 우리나라에서는 다시마와 멸치를 같이 쓰고, 중국은 채소와 닭고기 뼈를 조합해서 쓴다. 핵산계 조미료가 중요한 이유는 자체의 맛보다는 감칠맛의 시너지 효과가 있기 때문이다.

글루탐산과 이노신산(IMP)의 감칠맛 상승효과는 50:50의 비율로 혼합하면 7배까지 증폭된다. 글루탐산나트륨과 이노신산나트륨의 배합 비율이 10%까지는 맛의 강도가 빠르게 상승하지만, 그 이상에서는 맛의 강도의 증가가 점차 완만해지고, 30~70%에서는 맛의 강도가 별로 변하지 않고, 70% 이상이 되면 완만하게 감소하고, 90% 이상에서는 빠르게 감소하여, 거의 좌우 대칭적인 곡선을 그리게 된다.

이노신산을 1%만 혼합해도 감칠맛이 2배 증가하고, 10%를 혼합하면 5배가 증가하지만 가격이 비싸 상대적으로 가성비가 떨어지므로

감칠맛

10% 이하만 혼합한다. 다시마국물에 가쓰오부시나 멸치를 꼭 넣는 이유이다. 소량의 이노신산 용액 단독으로는 그다지 강한 감칠맛이 느껴지지 않지만, 이노신산 용액에 이어 삶은 감자를 시식하면 감칠맛 강도가 강해진다. 이는 이노신산이 입안에 남아 있는 상태에서 감자에 포함된 글루탐산이 용출되어 시너지 효과를 내기 때문이다. 이노신산을 함유한 고기와 글루탐산을 함유한 감자를 조합할 때도 이런 효과가 있다. 이런 시너지 효과를 이용하면 적은 양으로 풍부한 맛을 내므로 부담감은 적고 여운이 좋아 기분 좋은 '맛있다'는 만족감이 이어진다.

구아닐산(GMP)의 상승효과는 더욱 강력하다. 50:50 혼합이면 무려 30배나 증폭된다. 1/10만 혼합해도 거의 20배, 1/100만 혼합해도 5배가 증폭된다. 별로 맛이 없는 버섯이 요리에 자주 등장하는 이유이

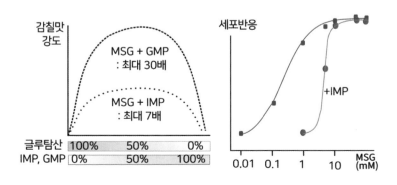

• 감칠맛의 시너지 효과 •

다. 글루탐산 수용체에는 글루탐산과 핵산의 결합 위치가 약간 다르다. 아미노산과 핵산이 만나면 2가지 위치 모두 결합하여 강하게 결합한다. 훨씬 많은 전기 펄스를 만드는 것이다. 하지만 IMG와 GMP 사이에는 이런 상승작용이 없다. 둘 다 같은 위치를 두고 경쟁할 뿐 더 강력한 결합을 만들지 못하므로 상승효과가 없는 것이다. 감칠맛의 최대 강도는 포화도와 관련이 있다. 감칠맛은 다른 맛에 비해 낮은 농도에서 포화도에 도달하므로, 많이 넣는다고 맛이 강렬하지 않다. 상승효과의 핵심은 적은 양으로 훨씬 잘 느끼는 것이지, 강렬한 맛을 내는 것이 아니다.

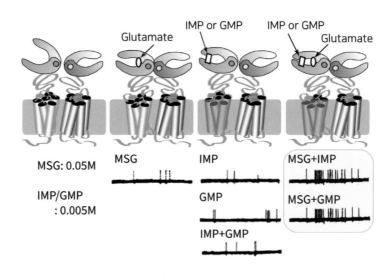

• 감칠맛의 상승작용의 원리 •

감칠맛

감칠맛의 기본 기술 : 추출, 분해, 발효

5-1 식품에 존재하는
맛 성분의 양은 적다

식재료는 식품 이전에 생명체였고, 생명체의 구성 물질은 대부분 탄수화물, 단백질, 핵산, 지방 같은 고분자(폴리머) 물질이다. 거대 분자인 폴리머는 감각수용체에 결합하기에는 너무 크다. 결국, 무미, 무취의 성분이 식품이나 생명의 대부분(98%)을 차지하는 셈이다.

혀에 있는 미각세포는 미뢰 속에 있는데, 어떤 물질이 맛으로 감각되려면 이 미각세포의 섬모에 있는 수용체와 결합을 해야 하는 것이다. 미각세포에 도달하려면 물에 녹아야 한다. 그리고 최종적으로 미각세포에 존재하는 나노 크기의 미각수용체와 결합하여야 한다. 그러니 맛 물질도 기본적으로는 향기 물질처럼 분자 단위의 정말 작은 물질이어야 한다. 향기 물질은 분자량 17~300 정도이다. 맛으로 느낄 수 있는 분자량의 상한선이 20,000 정도로 알려졌다. 사실 분자량 2만은 아주 특별한 경우이고 실제 맛의 분자는 대부분 이보다 훨씬 적다. 분자가 적을수록 맛을 느끼는 데 유리하다. 예를 들어 포도당이 여러 개 결합할수록 단맛은 적어진다. 포도당이 3~5개 정도 결합한 올리고당이 달지 않은 이유다. 10개 정도만 결합해도 단맛은 전혀 기대하기가 힘들다. 수많은 포도당이 결합한 전분이나 셀룰로스는 당연

식재료의 글루탐산 결합(Bound) 상태 vs 유리(Free)상태

국가	100g 당 mg	Bound(mg)	Free(mg)	Free/Bound(%)
유제품	우유	819	2	0.24
	모유	229	22	9.61
육류	소고기	2,846	33	1.16
	돼지고기	2,325	69	2.97
가금	오리	3,636	69	1.90
	닭	3,309	44	1.33
	달걀	1,583	23	1.45
생선	고등어	2,382	36	1.51
	연어	2,216	20	0.90
	대구	2,101	9	0.43
식물성	토마토	238	140	58.82
	옥수수	1,765	130	7.37
	시금치	289	39	13.49
	당근	218	33	15.14
	피망	120	32	26.67
	비트	256	30	11.72
	양파	208	51	24.52

히 아무 맛도 없다. 대부분의 맛 물질은 결국 분자량이 1,000 이하의 작은 분자이다.

맛은 대부분 2% 이하를 차지하는 아주 적은 양의 크기가 작은 분자에 의한 것이다. 감칠맛을 좌우하는 글루탐산도 대부분 무미 무취의 단백질 상태이다. 따라서 우리는 맛으로 느낄 수 있는 글루탐산의 비율을 높이기 위해 최선을 다했다. 글루탐산을 최대한 뽑아내거나 만들어 내는 것이 맛의 핵심 기술인 셈이다.

감칠맛

5-2 맛 성분이 많은 것은 특별한 대접을 받았다

고기는 단백질 함량이 많다. 따라서 글루탐산의 양도 많다. 하지만 동물은 워낙에 단백질을 많이 필요로 하는 생물이라 글루탐산의 99% 는 단백질 상태로 존재하고 아미노산 상태로 존재하는 것은 1% 수준 이다. 식물은 좀 다르다. 단백질 양이 적어서 글루탐산의 양도 적다. 하지만 존재하는 글루탐산의 90% 이하가 단백질 상태이고 10% 이상 은 아미노산 상태이다. 동물에 비하여 10배나 높은 비율이다. 샤부샤 부 국물에 채소를 넣어도 꽤 감칠맛이 나는 이유기도 하다. 그래도 한 계가 있어서 인류는 발효 등 분해를 통해서 유리 글루탐산의 비율을 높이거나 천연에서도 유리 글루탐산의 비율이 높은 것을 찾아 맛의 원료로 사용했다.

사실 토마토는 정말 별난 작물이다. 우유는 아미노산 상태로 존재하는 글루탐산의 비율이 0.2%에 불과하고 치즈로 만들어 충분히 숙성해야 10% 정도인데 잘 익은 토마토는 무려 59%가 유리 글루탐산으로 존재한다. 토마토는 가히 감칠맛을 위해 존재하는 채소라 할 수 있다. 토마토말고도 유리 글루탐산이 많은 재료가 요리에서 많은 사랑을 받았다.

다양한 식품의 감칠맛 성분 (mg/100g)

글루탐산 (mg/g)	
다시마	2240
파마산 치즈	1680
김	1378
절인 햄	337
에멘탈 치즈	308
토마토	246
체다	182
패주	140
녹색 아스파라거스	106
푸른 완두콩	106
양파	51
시금치	48
녹차 엑기스	32
닭	22
대게	19
소고기	10
감자	10
돼지고기	9

구아닐산 나트륨 (mg/g)	
말린 표고버섯	150
말린 곰보버섯	40
김	13
말린 곰팡이 포시니 버섯	10
말린 느타리버섯	10
닭	5
소고기	4
대게	4

이노신산 나트륨	
참치 플레이크	967
멸치	863
건조 가쓰오부시	700
가쓰오부시	474
참치	286
닭	283
돼지고기	260
소고기	90

감칠맛

5-3 감칠맛 수용체에는 작은 분자가 결합할 수 있다

설렁탕집 소개 장면에는 모두 커다란 솥에 불을 때고 있는 장면이 등장한다. 왜일까? 그래야 감칠맛 성분이 최대한 녹아 나오기 때문이다. 설렁탕을 만들 때는 찬물에 담가 물을 여러 차례 갈아주는 방식으로 뼈에 함유된 피를 빼낸다. 피를 제대로 빼내지 않으면 국물이 탁해지고 잡맛이 섞인다. 그리고 오랫동안 푹 삶는다. 오래 삶아야 뼈와 콜라겐에서 아미노산과 칼슘, 젤라틴 등 가용 성분들이 더욱 많이 용출된다. 향 물질은 휘발되어 잡취와 특성이 사라져 어떤 음식에 넣어도 어울리는 육수가 된다.

오래 가열할수록 감칠맛 성분은 많이 추출되지만, 엄연히 한계가 있다. 유리 글루탐산이 많지 않기 때문이다. 요리에 쓰기 어려운 잡뼈나 자투리를 사용하기에 그나마 비용이 유리하지만 멀쩡한 고기에서 그렇게 적게 존재하는 유리 글루탐산만 녹여 내고 고깃덩어리를 쓰지 않는다면 정말 낭비인 셈이다. 끓인다고 단백질이 마구 분해되어 유리 글루탐산이 팍팍 증가하지는 않는다. 결국 단백질을 분해하는 것이 감칠맛을 높이는 가장 확실한 방법인 셈이다. 단백질은 대부분 아미노산이 수백 개 이상 결합한 거대 분자라 무미, 무취이고 단백질로 결합하지 않은 상태로 소량 존재하는 아미노산만 맛으로 느낄 수 있다.

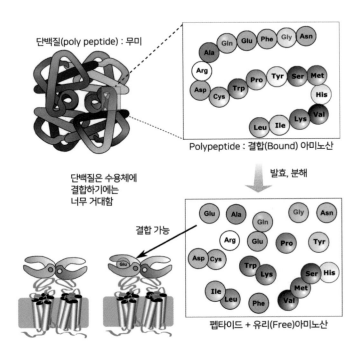

• 단백질을 아미노산 단위로 분해하는 이유 •

감칠맛

따라서 우리는 이 단백질로 결합하지 않고 자유롭게 있는 아미노산의 양을 알아야 한다. 맛의 주인공은 단백질의 형태로 결합한 아미노산(Bound amino acid)이 아니라, 홀로 존재하여 자유롭게 움직이는 아미노산(Free amino acid = 유리 아미노산)이다. 우리가 섭취한 음식물의 단백질은 아미노산 단위로 철저히 분해하여야 한다.

고기를 숙성하는 이유도 맛 때문이다. 육류는 사후에 자가소화가 일어나 무미의 고분자(Polymermer)성분이 상당량 단분자(Monomer)의 맛 물질로 변한다. 예를 들어, ATP는 5'−이노신산으로, 글리코겐은 포도당이 된다. 고기를 2~4℃에서 쇠고기 10~14일, 돼지고기 5~7일, 닭고기 1~2일 정도 숙성하는 기간 동안 펩타이드와 유리 아미노산 그리고 핵산(5'−이노신산)이 증가한다. 이렇게 분해된 물질은 그 자체로 맛 성분으로 작용할 뿐 아니라 가열 시 메일라드 반응의 전구체로 작용해서 고기 특유의 향미 성분이 만들어지는 데 기여한다.

5-4 단백질을 분해하면 감칠맛이 폭증하는 이유

고대 로마로부터 시작해서 왜 그토록 다양한 문화에 생선 소스가 있는 것일까? 우리는 왜 생선회를 간장에 찍어 먹을까? 날 생선은 글루탐산이 결합된 상태라 감칠맛이 적다. 생선을 숙성하고, 간장에 찍으면 우리가 좋아하는 감칠맛이 혀에서 폭발한다. 단순히 감칠맛이 풍부한 재료를 찾아서 우려내는 것을 벗어나 한층 깊은 감칠맛을 즐기는 방법이 발효를 통한 단백질의 분해다. 워낙 감칠맛에 대한 열망이 커서 거의 모든 나라에 이런 방법이 사용된 양념이 있다. 치즈 감칠맛의 비밀은 단순하다. 우유에 단백질이 있고 치즈의 제조 과정 중에 수분과 탄수화물(유당)이 많이 제거되어 농축된 상태가 되고 미생물이 발효하는 동안 단백질이 분해되어 유리 글루탐산이 증가한 현상이다.

파르메산 치즈의 유리글루탐산의 비율이 1.5% 정도이니 이보다 높은 것도 별로 없다. 발효의 산물이니 다른 다양한 풍미 물질이 생기는 것은 당연하다.

우유에는 단백질이 고작 0.2%만 분해된 상태로 존재한다. 그리고 발효를 통해 분해되면 13.5%로 67배 증가한다. 더구나 단백질 함량이 3.6%에서 36%로 10배 늘어난 상태이니 감칠맛 성분은 결국 600배 증가한 상태가 되는 것이다. 이것이 세상에 그렇게 다양한 치즈가 사랑받는 비밀인 셈이다.

콩을 여러 가지 방법으로 조리해 먹을 수 있는데, 어렵게 된장으로 발효하여 먹는 이유가 글루탐산이 많은 콩 단백질을 분해하여 감칠맛을 즐기겠다는 것이고, 간장, 고추장이 여기에서 파생한 것이다. 생선을 효소분해시켜 젓갈을 만들어 먹는 이유가 생선 단백질을 분해하여 글루탐산을 느낄수 있게 하겠다는 것이다. 어떤 식품을 먹든 단백질

우유의 유리 글루탐산의 함량 및 변화

	모유	우유	농축우유	파르메산 치즈	증감율
물(%)	88.000	87.690	29.160	29.160	
단백질(%)	1.100	3.280	18.875	35.750	
지방(%)	4.000	3.660	21.062	25.830	
유당(%)	6.700	4.650	26.759	3.220	
총글루탐산(%)	0.229	0.819	4.713	8.900	
유리글루탐산(%)	0.022	0.002	0.012	1.200	600배

을 먹으면 평균 15% 이상은 글루탐산, 즉 MSG가 있다. 단백질을 발효(숙성)한다는 것은 단백질은 너무 거대한 분자라서 맛을 느낄 수 없기에 하나하나 아미노산으로 분해해서 글루탐산을 혀로 느끼겠다는 것이다.

감칠맛

5-5 단백질의 분해에 오랜 시간이 필요한 이유

우리나라 수산물 200여 종을 분석해 봐도 단백질을 구성하는 아미노산 중 그 비율이 가장 높은 것이 글루탐산이다. 따라서 생선을 발효시켜 감칠맛을 높인 젓갈의 역사는 유구하다. 수천 년 전 동남아 메콩강과 중국 남서부 일대에서 시작됐다고 추정된다. 강과 바다에서 잡은 작은 생선을 어떻게 썩지 않게 보관할까 궁리하다 생선을 소금에 절이게 됐다. 소금에 생선을 절이면 단백질이 분해되면서 감칠맛 성분이 풍부해진다. 그리고 인류 미각의 역사에서 빠질 수 없는 재료가 됐다. 큰 생선은 소금에 절인 뒤 쌀 등 곡물이나 채소·과일 따위와 섞어 발효를 촉진하는 방법을 썼다. 곡물이나 채소·과일이 발효되면서 생성되는 산과 알코올이 생선을 썩지 않고 보존하는 데 도움을 줬다.

우리나라의 가자미식혜나 일본 초밥의 원형이 이에 해당한다. 북극부터 열대까지 다양한 문화에서 나름의 젓갈을 담가 먹어왔다. 고대 로마에서도 젓갈(가룸, garum)을 즐겨 먹었다.

하지만 생선을 잘 발효하는 작업이 쉬운 일은 아니다. 발효보다 부패가 쉽게 일어난다. 작은 생선은 통째로 사용하는 경우가 많고 내장에는 많은 분해효소가 있고, 단백질은 연하고, 지방은 산패가 빠른 불포화 지방이 많다. 고대에서도 발효 생선을 즐겼는데 그것이 향까지 좋았던 것은 아니었다. 로마의 자연사가 플리니우스는 "가룸(생선 액젓)은 내장과 그렇지 않았으면 쓰레기로 버렸을 부위들로 만들며, 실제로 썩은 액체다."라고 했다.

그 지독한 냄새로 인한 혹평에도 불구하고 "향수를 제외하고는 가룸보다 높은 가격을 매길 수 있는 것이 거의 없었다."라고 했다. 가룸은 물고기 내장에 소금을 치고 햇볕 아래 여러 달 동안 살의 대부분 완전히 무를 때까지 발효시켰다가 갈색 액체를 걸러낸 것이다. 로마 후기의 레시피 모음집에 나오는 거의 모든 짠 음식 레시피에는 몇 가지 가룸이 어김없이 포함되어 있다. 16세기까지도 가룸과 유사한 것이 지중해 지역에 남아 있었다고 한다. 혀(미각)가 코(후각)를 이기는 것이다.

Part 2.

감칠맛의 재료

1장

아미노산 조미료

아지노모토와 미원의 등장

이케다 기쿠나에(池田菊苗) 박사는 다시마 추출액에서 글루탐산을 주출했지만 그 방법으로 산업적인 생산은 불가능했다. 예를 들어 100g의 글루탐산을 얻기 위해서는 50kg의 다시마가 필요하다. 그래서 이케다 박사는 산업적 생산을 위해 밀이나 콩을 원료로 하는 것을 생각하게 되었다. 글루탐산은 아미노산의 일종이기 때문에 밀이나 콩의 단백질을 아미노산으로 가수분해한 후 거기에서 글루탐산을 분리하는 방법이다. 이케다는 이 방법을 1908년 4월 '글루탐산염을 주성분으로 하는 조미료 제조법'으로 특허 출원했다. 아지노모토(주)의 창업자인 스즈키 산로스케와 이 발명의 특허권을 공유하여 사업화에 착수, 1909년 세계 최초로 글루탐산 조미료 제품을 출시하였다. 이케다 박사는 이 새로운 조미료를 처음에는 "미정(味精)"이라고 불렀다. 당시 일본에서 알코올을 주정(酒精), 사카린을 감미정(甘精), 덱스트린을 호정(糊精)이라고 하는 것에 착안했다. 그러다 미정은 약품 같은 인상을 준다고 하여 "미원(味元)"이라는 단어가 제시되었다. 그러다 최종적으로 상품명이 "아지노모토(味の素)"로 결정되었다.

아지노모토의 출시 초기에는 글루텐이라는 밀의 단백질이 원료로 사용되었다. 글루텐에는 유난히 글루타민이 다량 함유되어 있는데 글루텐에 염산을 가하여 오랫동안 끓이면 다량의 글루탐산이 얻어진다. 그런데 고농도의 염산을 다루는 것은 쉬운 일이 아니다. 일반적인 용기와 시설은 쉽게 부식된다. 이케다는 대학 연구실에서 유리 플라스크를 사용했지만, 쉽게 깨지는 유리는 공장에서 쓰기에 적합하지 않다. 당시에는 산업적으로 염산을 사용하여 분해하는 사례가 없었기 때문에 공장의 설비는 시행착오를 반복하면서 만들어야 했다. 금속이나 합금은 부식이 되고, 고급 도자기 항아리는 금방 깨져버려 사용이 불가능했다. 여러 가지를 시도한 결과 아이치현 도코나메시에서 만들어지는 점토로 만든 항아리가 가격도 저렴하고 잘 깨지지 않는 것을 발견하고 이 항아리를 사용하여 생산이 시작되었다. 염산에 의한 분해 방식도 근본적인 문제가 있었다. 당시 일본에서 밀 글루텐은 수입 농산물이기 때문에 가격이 안정적이지 못했다.

'아지노모토'는 1909년부터 일본에서 판매를 시작하여, 대만과 한국은 1910년, 중국은 1917년 판매를 시작했다. 우리나라는 발매되자

감칠맛

마자 그 가치를 바로 알아채고 크게 인기를 끌게 되었고, 신문에 거의 매일 새로 그린 아지노모토 광고 만화가 등장하고, 경복궁이나 영등 포역 등 사람이 많은 곳에는 항상 아지노모토 광고가 있었다고 한다. 지금은 식품회사의 광고가 드물지만 1980년대까지도 식품산업은 가장 규모가 크고 광고도 활발한 산업이었다. 당시에 아지노모토 광고가 얼마나 대단했을지 짐작할 수 있을 것이다.

아지노모토를 통해 MSG를 알게 되었는데 일본이 태평양 전쟁에서 패하면서 일본과 한국의 교류가 끊기고, MSG의 공급도 끊기게 된다. 그러자 천시되었던 멸치가 육수로 사용되었다. 정약전 선생의 〈자산어보〉에서는 업신여길 멸(蔑) 자를 써서 멸어(蔑魚)라 하였고, '물 밖으로 나오면 급한 성질 때문에 금방 죽는다'는 뜻이다. 제주도 사람들은

• 1936 국내 일간지에 실린 스즈키상점의 아지노모토 광고 •

모슬포 연안 수역에 떼를 지어 들어와서는 이리저리 헤엄치다 제풀에 모래 언덕에까지 뛰어 올라가는 모습을 보고는 잘 헤엄쳐 다닌다는 뜻에서 행어(行魚)라고 불렀다. 이런 멸치의 놀라운 점은 이노신산이 가쓰오부시보다 많다는 점이다. 글루탐산과 만나면 감칠맛이 7배나 증폭된다. 멸치의 이노신산은 글루탐산과 만나야 제 역할을 하는데 글루탐산의 원천이 사라진 것이다. 멸치 육수만으로는 도저히 만족하지 못하고 1956년 드디어 국내에서 MSG를 처음으로 생산하기 시작했다.

대상그룹 명예회장인 임대홍은 1955년 일본 오사카로 건너가 '글루탐산' 제조법을 배운 뒤 이듬해 1월 31일 부산 동래구에 동아화성공업㈜를 설립하고 '미원'을 생산하기 시작하였다. 1959년 부산 서면으로 공장을 이전했고, 1962년 12월에는 상호를 아예 '미원㈜'로 바꿨다. 그리고 1965년 12월부터는 본격적으로 발효를 통한 조미료 생산에 들어갔다. 지금의 MSG가 이때부터 본격 생산된 것이다. 그리고 미원은 조미료의 대명사가 되었다.

감칠맛

미원이 화학조미료라 불리게 된 이유

　일본에서는 1950년대에 TV 방송이 시작되면서 요리 프로그램 등에서 상품명이 아닌 일반명을 사용해야 할 필요가 생겼다. 그래서 등장한 것이 '화학조미료'라는 용어다. 당시에 화학은 현대 문화의 꽃이었고, 아주 첨단의 좋은 의미였다. 그러다 화학조미료도 제품의 기능이나 용도를 잘 표현하지 못한다고 하여 1960년대부터 '감칠맛 조미료'라는 용어를 사용하게 되었다. 문제는 이후 화학조미료라는 용어가 첨단의 좋은 이미지도 중립적 이미지도 아닌 자연에 존재하지 않는 물질로 위험한 물질의 나쁜 이미지로 바뀌었다는 것이다.

　우리나라에서는 미원이 엄청난 인기를 끌자 많은 경쟁사가 조미료 시장에 참여했다. 그러다 MSG는 25%만 넣고 소고기와 양파, 마늘,

글루탐산나트륨 생산기술의 발전과정

구분	1950년 이전	1960년대	1970년대	1980년대
원료	단백질	전분당, 당밀	당밀	원당, 당밀
제조방법	산분해법	발효법	발효법	발효법
생산성	–	50~60 g/l 45~50시간	70~90 g/l 35~40시간	110~130 g/l 30~35시간
설비	수동식	기계화	반자동식	자동식

파, 후추 등 여러 재료를 첨가한 복합조미료 제품도 등장했다. 그리고 자신들이 만들어 낸 조미료를 천연의 맛이라고 자랑하기 시작했다. 그러다 MSG가 아예 들어가지 않은 조미료인 '맛그린'이 등장하면서, MSG는 화학조미료이므로 위험하다는 유해성 마케팅이 시작되었다.

우리나라는 MSG를 식품첨가물공전에 '화학적 합성품'으로 분류된 적이 있지만 발효를 통해서 만들어진 것이었다.

1-3 발효를 통한 글루탐산의 대량 생산 시대

MSG가 처음 만들어졌을 때는 고가여서 누구나 쓸 수 있는 것은 아니었다. 1953년에야 발효로 MSG를 생산하는 방법이 시험적으로 이용되었으며, 1957년부터 대량생산 체제에 들어갔다. 1957년 협화산효공업에서 코리네균(Corynebacterium glutamicum)을 이용해 발효를 통해 글루탐산의 생산에 성공한 것이다. 그리고 현재까지도 거의 모든 글루탐산은 이 종에 속하는 균주를 이용하여 생산하고 있다.

모든 생명체는 TCA회로를 통해 글루탐산을 만들며, 미생물도 마찬가지이다. 글루탐산도 과도하면 문제가 되므로 체내에 축적하는 양은 그리 많지 않은데, 미생물 중에서도 코리네균은 과잉으로 생산된 글루탐산을 체외로 배출하는 능력이 뛰어나다. TCA회로에서 알파케토

글루타르산에서 석신산succinic acid으로 전환을 억제하면 코리네균에서는 석신산을 만들기 위해 계속 알파케토글루타르산을 만들고, 이것이 글루탐산으로 바뀌어 체외로 배출된다.

당밀을 주원료로 하는 원료액에 글루탐산을 생산하는 미생물을 배양하면 이 액에서 당으로부터 글루탐산이 만들어진다. 온도, pH, 공기량 등을 미생물이 글루탐산을 생산하기에 가장 적당한 조건으로 맞추어 배양한다. 배양을 마친 후 배양액에 산을 글루탐산의 등전점*이

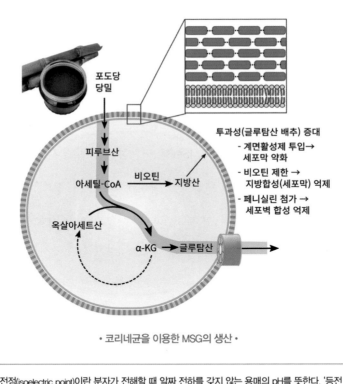

투과성(글루탐산 배추) 증대
- 계면활성제 투입→
  세포막 약화
- 비오틴 제한 →
  지방합성(세포막) 억제
- 페니실린 첨가 →
  세포벽 합성 억제

포도당
당밀

피루브산

아세틸-CoA　비오틴　지방산

옥살아세트산

α-KG　글루탐산

• 코리네균을 이용한 MSG의 생산 •

---

* 등전점(isoelectric point)이란 분자가 전해할 때 알짜 전하를 갖지 않는 용매의 pH를 뜻한다. '등전 pH'라고도 하고 표기는 pI이다. 단백질, 아미노산 등과 같이 음이온단과 양이온단을 동시에 함유하는 양쪽성 전해질에서 분자의 전하는 용매의 pH에 따라 변화한다.

감칠맛

될 때까지 첨가하여 결정화시킨다. 결정이 침전되면 이를 수확하여 알칼리인 수산화나트륨을 첨가하여 중화시킴으로써 글루탐산나트륨이 만들어지는 것이다. 이 발효법은 감칠맛 조미료를 대량으로 안정적으로 생산할 수 있고, 비용이 저렴하며, 부산물이 적고 수율이 좋은 방법으로 획기적인 신기술이다. 발효법의 탄생으로 비용이 저렴해짐과 동시에 생산 수준은 비약적으로 향상되었다.

다양한 식품 유형에서 MSG 사용량

식품의 종류	MSG 사용량(%)
건조 수프	5~8
통조림 수프	0.12~0.18
소스	1.0 ~ 1.2
드레싱	0.3 ~ 0.4
케첩	0.15 ~ 0.3
마요네즈	0.4 ~ 0.6
스낵	0.1 ~ 0.5
채소 주스	0.1 ~ 0.15
50가공치즈	0.4 ~ 0.5

감칠맛 소재로 완성된 맛의 민주화, 진보한 발효공학

미생물을 이용해 다량의 글루탐산을 얻을 수 있게 되면서 MSG 생산 효율이 급증했다. 코리네균에게 사탕수수에서 설탕을 추출하고 남은 당밀을 공급하여 설탕 100g을 이용해 MSG 300g을 만들 정도로 효율적인 생산이 가능하다. 대표적인 원료는 사탕수수 당밀이지만, 그 외에도 사탕무 당밀이나 옥수수, 카사바 등의 전분을 사용해도 된다. 당밀(糖蜜) 등의 부산물을 이용하여 글루탐산을 대량 생산하게 되자 우리는 드디어 누구나 맛난 고기 맛을 즐길 수 있게 된 것이다.

소금이 사용된 것은 5,000년 전이고 꿀이나 설탕이 사용된 것도 4,000년 전, 식초가 사용된 것은 3,500년 전이다. 감칠맛도 이들처럼 단독으로 사용하여 맛을 높일 수 있게 된 것이다. 이전에는 감칠맛이

감칠맛

높은 맛있는 식품은 아무나 먹을 수 없었다. 장을 담그기도 어렵고, 해물이나 육류를 우려내서 육수를 만들려면 오랜 시간과 많은 연료가 필요하다. 결국 감칠맛이 나는 음식은 충분한 여유가 있는 극소수의 사람들이나 즐길 수 있었고, 굶주림조차 해결하기 어려웠던 사람들에게는 그림의 떡일 수밖에 없었다.

MSG가 일반인도 쉽게 쓸 만큼 그 가격이 저렴해지자 왕, 귀족, 부자뿐 아니라 누구나 쉽게 맛있는 음식을 즐길 수 있는, 맛의 민주화가 완성되었다. 그리고 발효공학의 큰 발전도 이루었다. 우리나라는 일본과 함께 아미노산이나 핵산계 물질과 같은 1차 대사산물의 발효 기술에서 세계 어느 나라보다도 앞서 나가고 있다. 사실 우리나라 발효공학의 눈부신 발전은 조미료 때문이었다고 해도 과언은 아닐 듯하다. 1970~1980년대 미원과 미풍, 두 브랜드의 끈질긴 싸움이 발효공학의 발전에 준 자극은 대단한 것이었다. 글루탐산과 시너지 효과를 갖는 핵산계 감칠맛 물질도 산업적으로 생산되고 있다.

발효 기술의 도입과 업체 간의 경쟁은 여러 분야로 파급되었다. 글루탐산 이외의 다른 아미노산을 생산하는 박테리아 균주들이 개발되었다. 이들 아미노산은 제약용, 식품용, 사료용으로 다양하게 쓰인다.

1-5 MSG, 글루탐산에
하나의 나트륨을 붙인 이유

 MSG의 공헌에도 불구하고 지난 30년간 MSG에 대해서는 감사는
커녕 화학조미료로 건강을 망친다는 비난만 난무했다. 단지 글루탐산
에 나트륨을 붙였다는 이유 하나로 말이다. 발효로 만들어진 글루탐
산을 회수하는 방법에는 여러 가지가 있다. 발효액을 농축 후 글루탐
산을 전기적 반발력이 없는 등전점으로 조절하여 석출하는 방법, 농
축 후 염산을 넣어 글루탐산염산염으로 만든 후 회수하는 방법, 이온
교환수지에 글루탐산을 흡착시킨 후 회수하는 방법, 글루탐산을 유
기용매로 추출하는 방법, 전기투석법을 이용하는 방법이 있다. 글루
탐산이 상품성을 가지려면 경제성과 수분, 중금속, 색도, 광택 등에
관한 까다로운 요구 조건에 모두 적합해야 한다. 이것을 모두 만족하

118   감칠맛

는 회수 방법은 글루탐산을 등전점에서 결정화하여 석출하는 방법이다.

　문제는 등전점을 이용해 결정화된 글루탐산은 거의 물에 녹지 않는다는 것이다. 물에 녹지 않으면 맛으로 느낄 수 없다. 그래서 그 글루탐산이 물에 잘 녹도록 나트륨을 첨가하여 MSG로 만든 것이다. 발효하여 만든 글루탐산을 그대로 판매되었다면 글루탐산은 그냥 아미노산으로 불리고 MSG에 대한 유해성 논란은 없었을 것이다. 이 글루탐산에 인위적으로 나트륨을 첨가하여 화학조미료라는 오명을 뒤집어쓴 것이다. 하지만 MSG는 물에 넣은 즉시 글루탐산과 나트륨으로 분해되면서 글루탐산은 전기적 반발력으로 물에 아주 잘 녹게 된다. 물에 녹은 글루탐산은 다시 완벽하게 천연 그대로의 글루탐산이 된다. 아무런 차이가 없고, 어떠한 최첨단의 장비로도 구분할 방법이 없다.

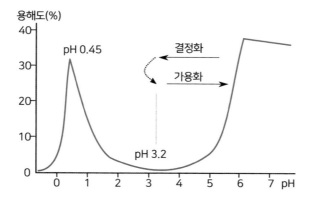

• pH와 글루탐산의 용해도 •

완벽하게 똑같기 때문이다. 혀로(맛으로) 글루탐산과 MSG를 구분하려 하는 노력도 난센스이다.

글루탐산은 1866년 독일의 화학자 칼 리트하우젠이 먼저 발견했지만 글루탐산이 감칠맛 성분이라는 것은 몰랐다. 글루탐산 자체는 시고 무미건조한 맛이 난다. 감칠맛을 내는 건 염의 형태로 있을 때이다. 이케다 박사는 글루탐산의 칼슘염, 나트륨(소듐)염, 암모늄염, 마그네슘염을 모두 만들어 보았다. 염의 종류에 따라 조금씩 달라도 모두 감칠맛을 낸다는 사실을 알아냈다. 그중에서 소듐염이 가장 물에 잘 녹고 맛이 좋았다. 글루탐산 이온이 중성 부근에 있을 때 '감칠맛'을 가진다는 것은 1912년 미국에서의 학회 발표에서 다음과 같이 언급하고 있다.

"글루탐산은 두 개의 치환 가능한 수소 원자를 가지고 있어 두 가지의 염을 만들 수 있다. 2가 글루타메이트에서 두 수소 원자가 모두 치환된 것은 여기서는 다루지 않겠다. 왜냐하면 이들 대부분은 난용성이며, 물에 용해하면 가수분해로 강알칼리성이 되기 때문이다. 이에 반해 글루탐산의 1가 염은 물에 빠르게 용해되며, 양극성이다."

글루탐산은 나트륨의 첨가 덕분에 조미료로 완성이 되었고, 이노신산과 구아닐산도 마찬가지다. 조미료로는 나트륨이 첨가된 상태이다. 염류 상태로 음이온과 양이온이 같은 양일 때 감칠맛이다.

MSG가 하는 일은 단지 감칠맛을 부여하는 것이 아니다. 음식에 MSG를 넣으면 짠맛은 완화되고, 음식 맛을 강화된다. 신맛도 완화되고 쓴맛도 감소한다. 단맛은 복합적인 감칠맛이 될 수 있다. 그리고 이것은 MSG에 국한된 현상이 아니다. 짠맛이나 단맛이 부족할 때도 적당량 추가되면 부정적인 맛과 향은 줄이고 긍정적인 맛은 강화하는 효과를 보인다.

　MSG는 냉수, 온수에 매우 잘 녹고 가열해도 안정적이어서 사용이 쉽다. 보통은 소금 사용량의 5~20% 정도면 적당하다. MSG는 식초와도 잘 어울리지만 가끔 원하는 효과가 안 나올 수 있다. 식초 자체의 pH는 2.8 정도인데 여기에 MSG를 첨가하면 pH는 높아지며 pH가 3.2 정도가 되면 글루탐산의 등전점이라 용해도가 낮아져, 용해도 이상의 글루탐산은 결정화되어 감칠맛이 성분으로 작용하지 못하기 때문이다.

나트륨 첨가에 따른 글루탐산의 용해도 증가 현상

온도	글루탐산용해도(%)	글루탐산나트륨용해도(%)	용해도 증가
0	0.34	39.52	116배
10	0.48	40.78	85배
20	0.72	42.27	59배
30	1.04	44.05	42배
40	1.50	46.08	31배
50	2.18	48.04	22배

나트륨 하나 붙었다고 위험하다니!

우리나라 식품첨가물 공전에도 나트륨을 첨가했다고 화학적 합성품으로 분류되었다. 그랬더니 모 방송국에서 MSG 사용 여부로 착한 식당 여부를 결정면서 놀라운 시청률을 자랑하기도 했다. 카세인나트륨, 글루탐산나트륨, 사카린나트륨 3가지 물질의 공통점은 모두 나트륨이 첨가되어 화학적 합성품으로 분류되었다는 것이다. 하지만 이것은 첨가물의 관리 편의상 분류일 뿐 글루탐산이 화학적으로 합성되었다는 뜻은 전혀 아니다.

카세인(우유 단백질)은 물에 거의 녹지는 않지만, 나트륨과 결합한 카세인나트륨은 물에 들어가면 나트륨이 떨어져 나가면서 완전히 녹는다. 글루탐산과 사카린도 자체는 물에 1%도 녹지 않는데 미리 나트륨

감칠맛

과 결합하면 물에 녹는 정도가 30~40배가 증가하여 맛 물질로 제 기능을 한다. 이처럼 식품 원료 중에는 물에 잘 녹게 하려고 나트륨이나 칼륨을 첨가하는 경우가 많다. 나트륨과 칼륨은 우리 몸에 가장 많이 필요로 하는 미네랄 그대로여서, 나트륨을 제외한 카세인, 글루탐산, 사카린의 본체의 역할과 안전성만 따지면 되는 것이다.

MSG의 독성을 비교해 봐도 소금보다 30배 정도 안전한 편이다. 소금의 독성을 1이라고 하면 MSG는 소금의 1/7로 흔한 산미료나 비타민 C보다도 오히려 독성이 적다. 그리고 하루 섭취량이 2g으로 소금 6g의 1/3수준이다. 그러니 소금보다 20배 안전한 수준으로 섭취하는 셈이다.

그리고 우리가 먹는 글루탐산은 장 건강의 핵심이다. 글루탐산은 단백질 형태로 먹든 아미노산 형태로 먹든 모두 아미노산으로 분해되어 소장에서 흡수된다. 흡수된 글루탐산은 바로 주변의 내장 기관이 가장 중요한 에너지원으로 쓰기 때문에 혈액을 통해 뇌까지 도달할 틈이 없다. 더구나 뇌에는 차단막이 있어서 혈액 속의 글루탐산이 통과하지 못한다. MSG는 단맛이나 짠맛보다는 역치가 낮아 훨씬 적은 양을 사용해도 충분하다. MSG는 어느 수준 이상에서는 많이 넣는다고 더 맛있어지는 것이 아니니 필요한 만큼만 사용하는 절제가 필요하다.

2장

핵산계 조미료와
복합 조미료

전쟁처럼 치열했던 조미료 시장의 싸움

지금은 식품산업이 상대적으로 작은 규모이지만, 본격적인 산업의 발달 이전에는 식품산업이 독보적인 규모였고, 조미료는 지금의 반도체만큼이나 절대적인 규모였다. 그런 조미료를 두고 1950년~ 1990년대 대상(구 미원)과 CJ(구 제일제당)의 경쟁은 정말 치열했다. 1세대 조미료 전쟁에서는 삼성그룹 창업자인 고 이병철 회장이 미풍으로 막대한 마케팅 비용을 들이고도 결국 미원에 패배했다. 삼성그룹의 이병철 회장은 자서전에 '세상에 내 마음대로 안 되는 것이 골프, 자식, 그리고 미원'이라고 했을 정도였다.

삼성그룹은 1938년 창업자 이병철(李秉喆) 회장이 대구에 세운 삼성상회에서 출발하였다. 이때 주요 품목은 대구 특산품인 능금과 동해의 건어물 등이었다. 1948년 수도권에 진출하고 1953년 제일제당공업주식회사를 세웠다. 이 회사는 1993년 삼성에서 분리되어 2002년에는 CJ그룹으로 거듭났다.

해방 전에는 일본산 조미료 아지노모토의 입지가 절대적이었다. 그러다 해방으로 아지노모토가 철수하자 공급이 끊겼다. 그러다 1956년 동아화성공업(1962년 미원, 1997년에 대상으로 변경)이 국내에서 미원(味元)을 출시하였다. 미원이 시장을 선점하자 후발주자들은 경쟁에 어려움을 겪었다. 1960년대에는 온갖 제품이 등장하였지만, 미원의 아성을 넘어서기는 역부족이었다. 1960년대에 당대 최고의 여배우들이 미원의 광고 모델을 거쳐 갔을 정도였다. 60~70년대 최고의 인기 선물 중 하나가 미원이었다.

이런 미원의 도전자 중에서는 당시 삼성 계열사인 제일제당의 미풍이 강력했다. 1963년 미풍을 생산하던 '원형산업'을 인수하면서 막대한 비용을 쓰기 시작했고 80년대 초까지 격렬하게 진행되었다. 다른 어떤 상품에도 없던 파격적인 광고, 사은품이 등장했다. 빈 봉지 다섯 장을 보내는 1만 명에게 선착순으로 3,000원 짜리(근로자 월급의 1/10) 여성용 스웨터를 준다는 미풍의 사은품, 15만 명에게 선착순으로 3g 짜리 순금 반지를 준다는 미원의 사은품이 등장할 정도였다.

새로운 핵산계 조미료의 등장

아미노산계 조미료(MSG) 이후 핵산계 조미료도 개발되었다. 5'-이노신산나트륨(5'-IMP), 5'-구아닐산나트륨(5-GMP)이 발효를 통해 만들어진 것이다. 핵산계 조미료가 처음 생산된 것은 1962년 일본의 협화발효공업(주)에 의해서다. 효모의 RNA를 분해하여 생산한 것이다. 효모에서 추출한 RNA를 원료로 5'-뉴클레오티드로 분해했다. 여기에 사용되는 효소가 5'-포스포제스터라아제(뉴클레아제 P1)이다. 이 방법은 대량생산에 적합하지 않아 개발된 것이 발효법이다. 협화발효공업이 1967년 개발하였고, 우리나라도 발효법으로 생산한다.

핵산 발효법은 두 단계법이 널리 사용되고 있다. 먼저 뉴클레오사이드라는 인산화되지 않은 전구체(이노신과 구아노신)를 발효로 생산하고, 그다음 그 뉴클레오사이드를 인산화하여 뉴클레오티드를 얻는 방법이다. 뉴클레오사이드의 발효균은 고초균(B. subtilis) 등 바실러스(Bacillus) 속 균주를 이용하여 육종되어 왔다. 2단계 인산화 반응에 대해서도 초기에는 화학적 방법이 사용되었으나, 최근에는 장내 세균에서 얻은 산성 포스파타제를 이용한 인산 전이 반응에 의한 방법이 개발되고 있다. 뉴클레오티드를 바로 생산하는 발효법도 개발되고 있는데, 1968년 프레비박테리움(Brevibacterium, Corynebacterium) 암모니아제네스(ammmoniagenes)의 아데닌 요구 균주를 배양할 때 망간이온(Mn2+) 농도를 조절함으로써 5 –IMP를 다량으로 축적하는 것으로 밝혀졌다.

핵산계 조미료는 글루탐산보다 생산하기 힘들어 가격이 비싸고, 그 자체로는 특별하지 않기 때문에 단독으로 사용하지 않는다. 글루탐산과 시너지 효과가 워낙 강력하여 소량만 같이 사용해도 충분한 효과를 내기 때문에 MSG와 항상 같이 사용한다. 글루탐산과 혼합한 조미료에서 핵산 함량이 5% 이하면 저핵산, 이상이면 고핵산으로 구분하기도 하는데 대부분 10% 이하이다.

핵산조미료는 글루탐산보다 사용이 까다롭다. 일반 식품의 pH에서는 상당 시간 가열해도 분해되지 않는다. 하지만 천연 식재료에 인산분해효소(phosphatase)가 있으면 인산기가 떨어져나가 감칠맛이 사라질 수 있다. 가열 공정이 있으면 열처리로 인산분해효소가 불활성화된 후에 사용하는 것이 바람직하다.

감칠맛

복합 조미료만으로도
국물 맛이 나는 이유

    MSG만으로는 미원에게 계속 밀리던 미풍은 1977년 후속작으로 국내 최초 핵산조미료인 '아이미'를 출시했다. MSG 99.5%에 IMP 0.25%, GMP 0.25%를 추가하여 깊은 맛 감칠맛 제품으로 판매를 시작한 것이다. 이것은 가정용으로는 실패했지만, 업소용으로는 성공을 거두기 시작했다. CJ는 MSG에 GMP와 IMP를 혼합한 핵산 조미료의 가능성을 확인한 것이다. 그러다 MSG가 화학조미료라는 논란이 늘자 1975년 출시한 복합 조미료 다시다의 매출이 늘기 시작했다. 그러다 결국 감칠맛뿐 아니라 소고기 추출물 등의 다양한 향미 재료를 추가한 복합 조미료인 다시다를 통해 역전에 성공한 것이다.

    조미료의 1세대가 미원(대상), 미풍(CJ) 등 MSG 95% 이상으로 이루진 시대라면 2세대로 MSG 함량을 10~30%로 줄이고, 소금과 쇠고기, 파, 마늘, 양파 등을 혼합한 복합 조미료가 등장한 것이다. 여기에는 다시다(CJ)가 압승을 하였다. 대상은 미원의 거듭된 승리로 자신감이 넘쳤고, 미원의 매출 하락이 우려되어 대응을 주저하였다.

1975년 다시다가 출시된 지 7년이 지난 1982년에야 '맛나'를 출시했다. 이후 복합 조미료 시장을 두고 두 회사는 미풍과 미원의 경쟁보다 더 격렬했으나 결국 CJ가 승리하였다. 2세대 조미료는 감칠맛 성분에 향을 내는 물질이 포함되어 있다. 향이 포함된 제품은 일단 한번 입맛을 사로잡으면 그 제품이 맛의 표준이 되어버리기 때문에 후발주자가 따라잡기 힘들어진다.

미원 같은 제품은 거의 MSG 단일성분으로 감칠맛만 증가시키기 때문에 섬세한 향을 가진 제품에 맛만 증폭하는 역할을 한다. 밑간, 볶거나 굽는 요리, 생선요리 등에 쓰인다. 복합 조미료는 MSG와 소금을 기반으로 GMP, IMP 같은 핵산 조미료, 소고기, 멸치 등의 추출물 등이 들어 있어서 그 자체만으로 고기 국물의 맛을 충분히 낼 수도 있다. 과거 '먹거리 X파일'이라는 프로그램에서 소고기맛 조미료만으로 냉면 육수의 맛을 낸다고 시끄럽게 했지만, 그것은 결코 특별한 현상이 아니다.

소고기 조미료에 들어 있는 맛 성분의 양은 천연재료로 추출할 때만큼이나 많다. 라면의 수프 1개(10g)를 넣으면 죽었던 찌개의 맛이 살아나는 것을 보고 마법의 가루라고 하지만 그것도 같은 현상이다. 맛 성분 10g은 정말 많은 양이다. 건조 상태의 10g은 95%가 수분인 채소와 비교하면 200g에 해당하는 양이기 때문이다. 어떤 식품이건 짠맛 1%, 감칠맛 0.5%, 신맛 0.2%, 향 0.1% 정도면 충분한 맛이 나기 때문에 맛을 내는 데 탁월한 재료만 골라 건조 농축한 라면수프 10g은 다른 어떤 음식보다 맛 성분이 많이 들어간 것이다. 복합 조미료도 여러 맛 성분이 조합된 것이라 효과적으로 맛을 낼 수 있다.

복합 조미료 이후 천연을 지향한 산들애, 맛선생 등이 출시되었다. 이어서 액상발효 조미료인 연두(샘표식품), 한수(대상), 다시다 요리수(CJ제일제당), 요리가 맛있는 이유(신송식품) 등이 출시되었다. 현재는 대부분 단종되고 샘표식품의 연두만 시장에서 선전 중이다.

감칠맛은 한 가지만 사용할 때 보다 복합적일 때 적은 양으로도 효과적으로 맛을 낼 수 있다. 조미료 등 맛 성분은 수용성이라 물에 잘 녹아야 제 성능이 나온다. 기름 등을 추가하기 전에 충분히 잘 녹게 할 필요가 있다. 조미료는 pH가 낮을수록 용해도가 떨어지고 기능이 떨어진다. 식초, 소스류나 맵고 자극적인 음식에는 20~30% 증량이 필요하다.

3장

간장과 젓갈

3-1 간장은 왜 콩으로 만들까?

우리 음식 중에서 장(고추장, 간장, 된장)이 들어가지 않는 음식은 드물 정로도 우리의 식생활의 중심을 이루고 있다. 메주가 우리 문헌상에 구체적으로 모습을 드러낸 것은 『삼국사기』 「신문왕」편에서다. 신문왕이 김흠운의 딸을 왕비로 삼을 때(683년) 예물로 보낸 품목 명세 속에 메주가 들어 있었다. 이는 과거부터 귀한 식품으로 사용되었다는 의미다.

다양한 장류의 기본 원료는 콩이다. 더구나 콩의 원산지도 고조선이 위치했던 만주 남부다. 1997년에 발견된 대동강 유역의 유적에서도 벼와 콩이 출토되었는데 이 곡식은 기원전 3000년경으로 거슬러 올라간다. 따라서 벼와 콩이 한반도에서 일찍부터 재배되었음을 알

수 있다. 우리나라에서 재배된 콩은 기원전 7세기에 중국에 전해졌다고 추정된다. 콩이 동양을 벗어나 외국에 전해지기 시작한 것은 비교적 최근의 일이다. 인도에는 18세기나 19세기 초에, 유럽에는 18세기에 전해졌다. 1739년에 파리 식물원에 처음으로 콩을 심었고, 1786년에는 독일, 1790년 영국의 식물원에서 시험 재배했다는 기록도 있다.

현대식 조미료가 등장하기 전까지 우리 식탁에서 감칠맛을 좌우하는 핵심 재료는 간장이었다. "장은 모든 맛의 으뜸이다." "한 집안의 음식 맛을 장맛이 좌우한다."라는 말이 있을 정도로 장을 중요하게 여겼다. 아파트 생활이 일상화되기 이전에는 간장 담그는 일은 가정의 중요한 연중행사였다. 메주 만들기·메주 띄우기·장 담그기·장 뜨기(장 가르기) 등의 행사가 초겨울부터 이듬해 초여름까지 계속되었다. 장을 담글 때는 반드시 길일을 택하고 부정을 금하였으며, 재료의 선정 때는 물론이고 저장 중의 관리에도 세심한 주의를 기울였다. 과거의 맛있는 간장을 만들기 위해 노력한 것을 보면 지금도 쉽게 따라 하기 힘들 정도다.

이처럼 간장을 중시한 것은 간장 맛이 좋아야 음식 맛을 낼 수 있었기 때문이다. 맛있는 장류의 감칠맛은 힘든 노고를 잊어버리기에 충분했기에 그렇게 복잡한 발효법을 개발하고 매년 반복된 수고를 마다하지 않았다.

식품공전에서 간장은 한식간장, 양조간장, 산분해간장, 효소분해간장, 혼합간장으로 분류하고 있다. 한식간장은 대두를 주원료로 제조한 메주에 식염수를 첨가하여 발효·숙성시킨 후 그 여액을 가공한 것을 말하며 조선간장, 국간장, 집간장이라고도 한다. 한식간장은 콩만을 사용해 전통 방식으로 만들며, 염도가 높은 경우가 많다. 국물 요리인 미역국이나 콩나물국 등에 사용하도록 소금으로 간을 맞추는 용도로 사용하고 있으며, 색상은 흐리고 맛은 깔끔한 특징이 있다.

양조간장은 콩과 밀을 사용하여 발효, 숙성하여 만든 간장이다. 양조간장은 과실향, 알코올향, 상큼한 향의 특징을 갖고 있어 쓴맛과 비린 맛을 마스킹해 주고 원재료의 맛을 상승시킨다. 따라서 양조간장은 주로 무침요리, 드레싱, 디핑 소스 등의 용도로 사용된다.

진간장은 아미노산과 저분자 펩타이드 함량이 높고 색이 진하고 볶

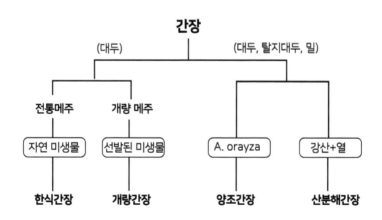

• 간장 유형별 제조 방법의 차이 •

은 참깨향, 구운 감자향 등 묵직한 향을 지니는 특징이 있다. 이러한 특징으로 열을 가해도 향이 쉽게 사라지지 않는 볶음, 조림, 찜 요리에 많이 사용된다.

콩은 단백질이 풍부하다

인류의 먹거리는 환경에 따라 계속 달라졌는데 20만 년 전 인류의 조상은 아프리카를 떠나면서 해산물에 의지하기도 했고, 대형동물을 수렵하며 고기 위주로 먹었다. 그러다 농경시대가 되고 곡식에 의존해 살기 시작했고, 인구가 증가하면서 고기는 아주 귀한 것이 되었다. 감칠맛에 대한 욕망이 그만큼 커진 것이다. 그래서 개발된 것이 우리나라는 간장과 같은 장류이다. 우리의 음식 맛을 책임진 첫 번째 조미료가 바로 장이었다. 콩에는 단백질이 40%까지도 들어 있는데 콩을 삶아 메주를 성형하고 미생물로 분해하여 장류로 만들면 감칠맛이 풍부해진다.

우리는 주로 콩으로 간장을 만들지만, 원료가 반드시 콩일 필요는 없다. 단백질만 풍부하면 된다. 식물 중에서 콩에 예외적으로 단백질이 많고 가격이 저렴해서 선택된 것일 뿐이다. 생선이 풍부하고 저렴한 지역은 젓갈, 어간장이 발전했고, 우유가 풍부한 지역은 치즈가 발달했다.

감칠맛

콩의 주성분은 단백질(40%)과 탄수화물(30%) 그리고 지질(20%)로 식물 중에서 특별하게 단백질의 함량이 높다. 콩을 '땅에서 나는 쇠고기'로 부르는 이유도 이 때문이다. 식물은 보통 지방이 0.2%, 탄수화물이 13%, 단백질이 2.9% 정도인데 콩은 단백질이 일반 식물보다 10배 이상 많다. 콩 단백질을 물로 추출하면 90%가 용해되어 나오는데, 그중 80% 이상이 글로불린에 속하는 글리시닌(Glycinin)이다. 콩 단백질은 물에 잘 녹고 열에 약하다. 그러니 콩에서 기름을 추출할 때 끓는점이 낮은 핵산을 사용하면 단백질 변성이 작고 단백질 용해도가 높아진다.

간장을 만들 때 초기 단백질 함량을 높이면 효소에 의해 분해될 수 있는 기질의 양이 증가하기 때문에 분해산물 역시 증가하여 맛 성분

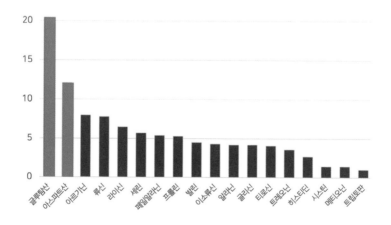

• 콩 단백질의 아미노산 조성 •

이 많아진다. 탈지대두의 경우 콩에서 지방을 추출한 것이라 단백질 함량이 높아 이것을 사용하면 간장의 맛 성분인 아미노산과 저분자 펩타이드 함량이 높아진다. 또한 탈지대두는 콩에서 지방을 빼내는 과정 중 콩의 세포막이 파괴되므로, 효소의 침투 및 작용이 쉬워진다. 단백질 함량을 70%까지 높인 농축대두단백(SPC, Soy Protein Concentrate)'과 단백질 함량을 90% 이상까지 높인 '분리대두단백(ISP, Isolated Soy Protein)'을 사용하면 그만큼 많은 맛 성분을 얻을 수 있다.

단백질을 분해하는 것은 감칠맛이 증가한다는 점 말고도 장점이 있다. 많은 항(anti)영양소가 없어진다는 것이다. 콩은 단백질과 지방 등 영양이 풍부한 열매인데, 그것을 탐하는 곤충이나 초식동물로부터 자신을 보호하는 수단이 필요하다. 렉틴(lectin), 식물성 적혈구응집소(hemagglutinin), 우레아제(urease), 리폭시게나제(lipoxygenase), 사이안화글루코사이드(cyanogenic glucoside)와 항비타민 인자 등으로 자신을 보호하는 것이다. 콩과식물과 질소고정 박테리아 사이의 공생관계에서 결정적인 역할을 하는 것으로 알려진 렉틴(lectin)은 소장 외막 미세융기 표면에서 당단백질(glycoprotein)에 결합하여 미세융기의 손상과 변형을 일으키고 영양소의 흡수에 심한 장애를 준다.

이들은 단백질이라 분해하면 사라지고 가열하면 변성되어 기능을 잃는다. 그래서 우리는 생콩을 먹지 않고 항상 콩나물, 두부, 장류 등으로 가공해서 먹는 이유가 이런 항영양소를 제거하는 목적이다. 발

감칠맛

효를 통해 단백질을 분해하면 이런 위험이 없어지고 알레르기의 위험
도 크게 낮추어준다. 알레르기는 주로 단백질 같은 특유의 형태가 있
는 분자 때문에 생기는데 단백질을 분해하면 면역 수용체가 반응할
부위가 사라진다.

3-2 전통 간장, 집집마다 장맛이 달랐던 이유

콩 단백질은 20가지 아미노산으로 구성되는데, 20가지 아미노산이 제각각 맛이 다르다. 예를 들어 글루탐산은 감칠맛이 강하고, 류신은 쓴맛이 강하며, 알라닌은 단맛이 난다. 같은 단맛, 감칠맛, 쓴맛이라고 해도 물질에 따라 그 느낌은 다르다. 음악에서 같은 노래도 악기에 따라 소리가 다르고, 같은 바이올린도 제품마다 음색이 다르듯 모든 분자는 제각각 다른 맛의 색깔을 가진다. 더구나 간장에는 엄청나게 다양한 펩타이드가 있어서 제각각 맛과 특성이 다르다. 그러니 간장은 다 맛이 다를 수밖에 없었다.

콩을 발효하고 분해하는 과정에서 감칠맛만 깊어지는 것이 아니다. 소량의 알코올 발효도 일어나고 젖산 발효도 일어난다. 알코올과 유

감칠맛

기산이 만나면 다양한 에스테르 계통의 향기 물질이 만들어진다. 그래서 맛이 입체화되고 깊어진다. 간장에는 다른 어떤 식품보다 아미노산과 펩타이드가 많이 들어 있는데, 아미노산은 단순히 맛에 그치는 것이 아니라 독특한 향기 물질의 원천이 되기도 한다.

발효 간장은 메주에 어떤 미생물이 번식하고 어떻게 활동했는지에 따라 맛이 완전히 달라질 수밖에 없다. 같은 소금, 같은 콩을 써서 같은 사람이 같은 방법으로 만들어도 미생물이 자라는 패턴이 다르다. 결국 미생물의 분포와 활동의 변화가 '장의 맛과 향'을 결정하는 핵심 요소인데 집에서 장을 담그면 해마다 기후나 다른 자연조건에 따라 공기 중의 미생물 분포가 달라지고, 메주에 붙어 자라는 미생물도 달라지니 그것으로 만들어진 아미노산과 펩타이드도 달라지고 향도 달

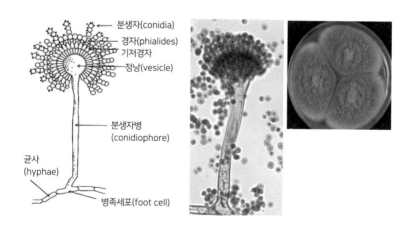

• 누룩곰팡이의 형태 •

누룩곰팡이가 생산하는 효소의 종류 및 역할

효소		주요 기질과 생성물
Protease	Endo—peptidase	Peptide 중간에서 분해
	Exo—peptidase	Peptide 끝에서 분해 시작
Glutaminase		Glutamine에서 Glutamic acid전환
Amylase	α—amylase	전분에서 Oligo당 생성
	Glucoamylase	Oligo당에서 Glucose 생성
Pectinase	Pectin lyase	Pectin에서 Galacturonide 생성
	Pectinesterase	Pectin에서 Polygalacturonic acid 생성
	Polygalacturonase	Polygalacturonic acid의 분해
Cellulase	Cellulase C1	결정형 Cellulose에서 활성형 Cellulose 생성
	Cellulase Cx	활성형 Cellulose에서 Cellobiose 생성
	β—glucosidase	Cellobiose에서 Glucose 생성
Hemicellulase	Xylase	Arabinoxylan에서 Xylose 생성
	Arabinase	Arainan에서 Arabinose 생성
	Galactamase	Arabinogalctan에서 Galactose 생성
	Mannase	Galactomannan에서 Mannose 생성
Lignolytic enzyme		Lignin에서 Ferulic acid 생성
Phenolic acid esterase		페룰산에스터에서 Ferulic acid 생성
Pytase		Phytin에서 Inositol 생성
Phospholipase		Lecithin에서 Choline 생성
Lipase		지방에서 지방산과 Glycerol
Tyrosinase		Tyrosine에서 DOPA와 DOPA quinone 생성
Phophatase		핵산에서 인산 분해

감칠맛

라질 수밖에 없었다. 과학이 발전하자 어떤 미생물이 작용하고 어떻게 해야 단백질의 분해율을 높이고, 맛과 향이 좋고, 일정한 품질의 간장을 만들 수 있는지 점차 알게 되었고 그만큼 효율적으로 간장을 만들 수 있게 되었다.

양조간장에 사용되는 곰팡이는 누룩곰팡이로 불리는 아스퍼질러스 오리제(Aspergillus oryzae) 한 종뿐이지만 전통 메주에는 수백 종의 곰팡이와 유산균등 다양한 세균이 있다. 이중 대표적인 미생물의 특성만 알아보고자 한다.

누룩곰팡이 Aspergillus oryzae

양조간장에 핵심적인 미생물은 노란색의 누룩곰팡이로 아스퍼질러스 오리재(Aspergillus oryzae)로 불린다. 단백질 분해력이 강해 감칠맛이 뛰어나고 탄수화물 분해력이 높아 쌀을 주원료로 사용하는 주류(청주, 막걸리 등)용 누룩 제조에서도 널리 사용된다.

누룩곰팡이가 만드는 효소는 크게 (1) 단백질 가수분해 효소, (2) 탄수화물 가수분해 효소, (3) 기타 효소로 나눌 수 있다. 온도에 따라 효소의 생산 능력이 달라지는데 Protease는 25~30℃ 부근에서 Glucoamylase는 30℃ 부근에서, α-amylase와 산성 Carboxypeptidase는 35℃ 부근에서 많이 생성된다.

Zygosaccharomyces rouxii는 내염성이 높아서 Aw 0.787~0.81, 식염 24~26%에서도 생육이 가능하다. 포도당 80%, 설탕 80%의 고농도 용액에서도 생육할 수 있다. 이 균은 포도당 등을 발효시켜 2~4% 수준의 알코올을 생성하고 당알콜도 만든다. 이 효모의 가장 큰 역할은 다양한 향기 성분을 만드는 것이다. 아미노산인 이소류신, 류신, 발린, 페닐알라닌을 알파케토화하여 아밀알코올, 이소부틸알코올, 2-페닐에탄올 등을 생성한다. 이들 성분은 간장에서 처음으로 느껴지는 top note에 해당하는 향으로 간장의 첫인상을 결정한다. 숙성 과정에서 메일라드 반응과 캐러멜 반응에서 많이 만들어지는

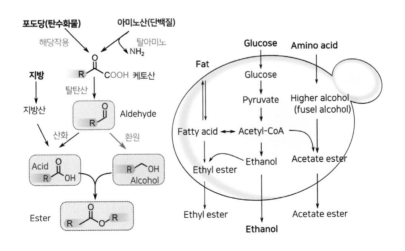

• 아미노산 등에서 발효로 향기 물질이 만들어지는 과정 •

· 분지형 아미노산에서 향기 물질의 생성 ·

furaneol, HMMF(norfuraneol), HEMF(homofuraneol) 등을 생성하여 파인애플향, 달콤한 향, 케익향의 특성이 있다.

분지아미노산(BCAA, branched chain amino acid)은 가지구조를 가지고 있어서 이들로부터 강하고 독특한 냄새 물질이 만들어질 수 있다.

고초균(枯草菌, Bacillus subtilis)

고초균(枯草菌, Bacillus subtilis)의 고초는 마른풀을 의미하는 것으로 삶은 콩에 마른풀(볏짚)을 넣어 발효시키는 청국장의 핵심 발효균이다. 전통 메주를 쪼개어 그 속을 보면 검은색의 줄무늬 형태가 있는데 이 부분이 고초균이 주로 생육한 부분이다. 전통 메주에서 고초균이 20~95%를 차지한다. 수분 함량이 낮은 메주의 바깥쪽에는 아스퍼질러스가 자라고, 축축한 내부에는 바실러스 서브틸리스가 주로 자라는 것이다.

고초균은 깊은 맛을 내는 γ-glutamylpeptide를 만드는 효소(GGT)도 분비한다. 이 효소는 대부분의 생물체에서 생성되지만 고초균이

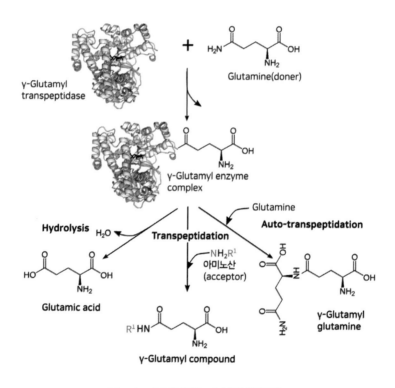

• γ-glutamylpeptide를 만드는 효소(GGT)의 작용 •

감칠맛

생산하는 GGT 효소는 내염성이 있어서 장류를 만드는 과정에 손상되지 않고 장의 깊은 맛과 감칠맛 생성에 관여한다. 고초균으로 발효하는 대표적인 식품이 청국장이다. 청국장은 다른 발효 식품과는 달리 강한 향을 지니고 있고 이 향으로 인해 호불호가 크게 갈린다. Isovaleric acid와 Isobutyric acid이 대표적이고 100여 종의 향기 물질이 생성된다. Ethanol, Diacetyl, Pyrazine, 2-methylpyrazine, Acetoin, 2,5-dimethyl pyrazine, 2,3,5-trimethyl pyrazine, 2-methyl butanoic acid 등이 있다. Isovaleric acid는 청국장의 주요 향 성분이며 주로 불쾌취로 인식되기도 한다.

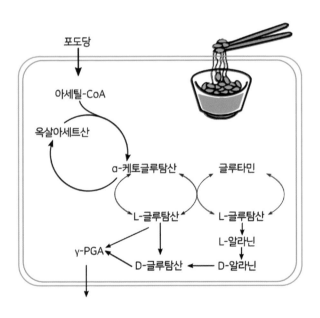

• γ-PGA(Poly-γ-glutamic acid) 생성경로 •

고초균은 생육 중에 점액성 물질을 다량으로 생성한다. 이 점액성 물질은 γ-PGA(Poly-γ-glutamic acid)로 글루탐산의 중합체이다. γ-PGA는 보습 효과가 히알루론산보다 2~3배 더 높다.

유산균

유산균은 포도당에서 젖산이나 초산을 만들고 콩의 구연산을 초산으로 바꾸어 간장에 산미 특성을 부여하고 간장의 착색을 억제한다. 주요 유산균은 Tetragenococcus, Pediococcus, Enterococcus에 속하는 균종이지만, 호모형의 사구균인 Tragenococcus halophilus이 중요하다. 젖산을 생성해 pH를 낮추어 Z. rouxii의 생육하기 쉬운 pH 환경을 만들기 때문이다. 부패 미생물의 생육을 저지해 보존성을 향상시킨다. 유산균에 의해 생성되는 유기산은 젖산의 경우 부드러운 신맛, 초산은 자극적인 신맛, 대두에서 유래되는 구연산은 상쾌한 신맛의 특징을 지닌다.

감칠맛

3-3 발효, 미생물의 관리

간장을 만들 때 가장 먼저 할 일은 콩을 충분히 물에 불린 후 삶아 콩 단백질을 미생물이 이용하기 쉽게 하는 일이다. 잡균이 제거되고, 콩의 단백질이 열로 변성(unfolding)되어 단백질 가수분해효소(Protease)의 작용이 쉬워진다. 더불어 항영양소와 알러지 물질도 감소한다.

콩을 삶을 때 단백질이 잘 풀어지지 않으면 내부 소수성 아미노산이 뭉쳐 있어 효소작용을 잘 받지 못해 고분자 물질로 남아 침전이 발생한다. 과도한 가열온도나 시간에 의해 과도한 변성이 일어나면 효소와 결합할 수 없어 좋은 맛의 간장을 얻지 못하게 된다.

메주를 제조할 때 누룩의 미생물이 잘 생육하여 효소를 잘 만들어

낼 수 있도록 초기 누룩곰팡이 포자 수(종국), 원료의 수분, 온도, 통기성(산소량) 조절 등의 환경을 제어하는 것은 매우 중요하다. 우수한 누룩곰팡이가 메주에 우점하여 생육할 수 있도록, 누룩곰팡이를 키워서 메주 제조 시 초기에 접종할 수 있도록 만드는 것을 종국(種麴)이라고 한다.

발효는 온도도 중요하다. 예로부터 좋은 간장을 만들기 위해서는 '12월이나 정월이 제일 좋고, 2월은 다음이고, 3월은 그 다음이다'라고 기록되어 있다. 추우면 잡균의 활동이 억제되기 때문에 이 시기에 간장을 담그면 장맛이 좋았다. 저온이 유지되면, 염수가 메주(제국)의 내부에 침투하면서 오염 미생물의 활동이 제어되고, 효소 반응이 천천히 일어나 유용 미생물이 이용할 수 있는 영양분이 서서히 증가한다. 봄이 되면서 온도가 서서히 올라가면 유용 미생물(내염성 유산균 및 효모)이 생육할 수 있는 최적온도가 된다. 미생물과 효소가 활성화되

NaCl 농도가 효소활성에 미치는 영향 (Lee et al, 2005)

NaCl(%)	단백질 분해력	전분 분해력
0	379	145
5	145	142
10	65	127
14	39	114
18	3	100

감칠맛

어 맛과 향기 성분이 많이 생성된다. 맛있는 간장을 위해 과거에는 겨울에만 간장을 담궜지만, 지금은 냉각장치가 발달하여 계절과 관계가 없어졌다.

발효 중 유기산에 의해 pH가 낮아지면 잡균의 오염은 줄이지만 효소활성이 억제되어 단백질의 분해력이 떨어진다. 소금도 비슷하다. 간장은 기본적으로 식염의 농도가 16~23%(w/v)로 매우 높아서 염에 강한 미생물만 생육하여 발효에 관여한다. 잡균에 의한 오염, 부패를 막을 수 있다. 그러나 식염의 농도가 높을수록 효소의 활성이 낮아진다. 그만큼 장류의 완성에 시간이 오래 걸릴 수밖에 없다. 그런데 지금의 양조간장은 미생물의 제어가 가능하므로 저염(4~16%) 또는 무염(0%)에서도 변질되지 않게 발효할 수 있다. 그만큼 짧은 시간에 저분자 펩타이드와 아미노산으로 분해할 수 있다.

글루탐산의 소비를 막아야 한다

콩을 발효하는 목적은 단백질을 분해하여 유리 글루탐산이나 아스파트산의 양을 늘리는 것인데 잘못하면 이들이 소비되는 경우가 발생하게 된다. 고온에 장기간 노출되면 글루탐산이 비효소적인 반응으로 Pyroglutamic acid로 변환될 수 있다. 그만큼 감칠맛이 감소한다.

오염균에 의해 글루탐산과 아스파트산이 손실되는 경우도 있다.

글루탐산은 유산균 생육에 유용한 아미노산이라 이들이 글루탐산을 GABA 또는 알라닌(Alanine)으로 변환될 수 있고, 아스파트산은 알라닌으로 전환될 수 있다. 그러니 L. brevis, L. lycopersici, L. mesenteroides 같은 균이 생육하지 못하도록 제어할 필요가 있다. 글루탐산을 사용하지 않는 Tetragenococcus halophilus가 우점하면 이들을 막을 수 있다.

바이오제닉 아민의 생성에 주의해야 한다

아미노산은 탈탄산효소에 의해 바이오제닉 아민류로 전환될 수 있는데 과량이면 인체에 해롭다. 대표적인 것이 히스타민(Histamine)과 티라민(Tyramine)이다.

Lysine → Cadaverine

Glutamine → Putrescine

Tyrosine → Tyramine

Histidine → Histamine

감칠맛

메주는 한동안 학자들을 매우 곤혹스럽게 만들었다. 메주를 띄울 때 중요한 아스퍼질러스 오리재는 아스퍼질러스 프라뷔스(Aspergillus flavus)와 매우 유사한데, 이것은 암을 유발하는 곰팡이 독인 아플라톡신을 생산하기 때문이다. 아플라톡신은 지금까지 알려진 천연 발암 물질 중에서 가장 강력하다. 그런데 1960년대에 전통적인 방법으로 메주를 띄울 때 이 곰팡이가 번식하고, 간장과 된장에 발암성 물질이 있다는 논문이 발표된 것이다. 이것이 사실이라면 우리가 자랑하는 '장문화'가 한마디로 사망 선고를 받은 것이나 마찬가지였다. 그런데 매일 그런 장을 먹는 한국인이 외국보다 암 환자가 많지 않았다. 그래서 등장한 것이 메주에는 암을 억제하는 다른 무엇이 틀림없이 있을 것이라고 주장했다. 그래서 학자들이 메주에 관한 본격적인 연구에 착수했는데, 연구 결과는 매우 다행스러운 것이었다. 아플라톡신을 생산하는 아스퍼질러스 프라뷔스가 메주에서 번식하더라도 바실러스 서브틸리스와 아스퍼질러스 오리재가 같이 자라면 아스퍼질러스 프라뷔스는 아플라톡신을 생산하지 못한다는 것이다. 메주에 일부러 아플라톡신을 넣는다 해도 장을 담그는 과정에서 발생하는 암모니아와 미생물 작용으로 완전히 분해된다는 것도 발견되었다.

3-4 양조간장의 등장

전통의 방식은 종균을 쓰지 않고 자연 그대로의 균을 활용한다. 원하지 않은 잡균의 증식으로 인한 변질을 막기 위해 소금의 농도를 높여야 했다. 소금의 농도가 높으면 원하는 발효균의 증식도 늦어지고 효소의 활성도 낮아 시간이 오래 걸린다. 이러한 단점을 개선하기 위해 등장한 것이 양조간장이다. 1960년대 이후 삶은 콩에 밀가루와 종국을 첨가하여 발효시키는 개량식 메주를 활용한 간장이 등장한 것이다. 전통의 메주는 온갖 야생균이 번식하여 특유의 향을 내지만 발효와 숙성 관리가 미비하여 단백질의 분해율이 크게 떨어졌다. 이에 비해 개량식 메주는 단일 종(아스퍼질러스 오리재)을 접종하여 배양시킨 종국(koji)을 이용하기 때문에 품질이 균일하며, 분해율이 높고, 불쾌한 냄새가 적은 장점이 있다. 반면에 향은 단순해지고 약해졌다. 과거에 집집마다 전통으로 삼던 독특한 장맛을 내지 못하는 단점도 있다.

이런 양조간장의 발전과 활용에는 일본이 큰 역할을 했다. 일본의 간장은 콩, 밀, 소금을 원료로 하여 유산균, 효모에 의한 복잡한 발효 과정을 거쳐 만들어진다. 그 과정에서 알코올 및 바닐린 등의 향기 성분, 간장 고유의 아미노산의 맛과 밀에서 나온 당류의 단맛을 가지고 있다. 발효의 결과 젖산과 알코올도 생성된다. 통상 알코올이 3% 넘게 생성되면 균의 성장을 억제하는 기능이 생긴다.

양조간장도 단백질이 100% 분해되지는 않는 이유

우리가 즐기는 발효식품은 주로 탄수화물을 분해하여 젖산과 알코올을 만드는 것이다. 이를 위해서는 전분을 먼저 포도당으로 분해해야 하고 이를 당화라고 한다. 전분은 포도당 1가지로 되어 있고, 형태도 비교적 단순한데 완전한 분해가 쉽지 않다. 단백질은 20가지 아미노산이 온갖 형태로 접힌 상태다. 그러니 전분의 당화보다 훨씬 다양한 효소가 필요하고 완전히 분해하기도 쉽지 않다.

아스퍼질러스 오리재는 단백질을 분해하는 Protease가 130여 가지나 있다고 하는데 이것은 크게 Endo-peptidase와 Exo-peptidase로 나눌 수 있다. Exo-peptidase는 단백질의 양끝 쪽의 말단부위를 절단하고, Endo-peptidase 단백질의 중간 결합을 분해한다. Endo-peptidase는 단백질을 몇 개의 펩타이드로 분해하기는 쉬워도 유리 아미노산 단계로 분해하기는 힘들다. 반면, Exo-peptidase는 단백질의 말단부위에서 분해하기 때문에 분해하자마자 유리 아미노산이

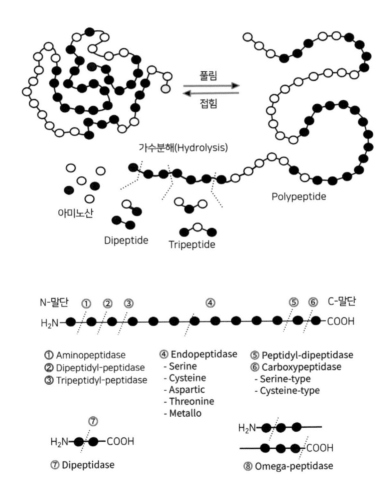

• 단백질분해효소의 종류 •

감칠맛

된다. 장류에서는 이 Exo-peptidase가 중요하다. Exo-peptidase
는 단백질의 아미노 그룹이 위치한 N-terminal 부분을 절단하는
Aminopeptidase와 카복실기 쪽에서 절단하는 Carboxypeptidase
로 구분된다.

Aminopeptidase는 그 특성에 따라 Leucine aminopeptidase,
Cystinyl aminopeptidase, Prolyl aminopeptidase, Aspartyl
aminopeptidase 등으로 구분할 수 있다. 이 중에서 Leucine
aminopeptidase(LAP)가 매우 중요한 효소로 판단되며 이 효소는 다
른 효소들과 달리 기질특이성이 낮아서 류신 결합 부위만 절단하는
것이 아니라 대부분 아미노산 결합을 절단할 수 있다. 그만큼 유리 아
미노산을 잘 만든다. 이런 이유로, LAP 활성이 높은 A. oryzae를 활
용하는 것이 유리한 것이다. Aspartyl aminopeptidase는 감칠맛 성
분인 아스파트산과 글루탐산을 유리화할 수 있다.

Carboxypeptidase는 Amino peptidase로 절단할 수 없는 펩타이
드를 분해할 수 있다.

3-5 간장의 감칠맛의 기준은 T.N(총질소 함량)

간장의 재료가 반드시 콩일 필요는 없다. 예전에도 어육장이 있었다. 어(漁)는 도미나 전복 같은 해산물이고 육(肉)은 소고기와 꿩고기 같은 육류였다. 서민이야 언감생심 꿈꾸지 못할 재료지만 양반은 이런 다양한 재료를 넣은 간장도 활용했다. 어떤 단백질이든 아미노산 단위까지 분해하면 감칠맛이 나는데, 단백질의 함량과 분해율이 핵심이다.

단백질이 아미노산으로 분해된 수준을 나타내는 것이 단백질 분해율(%)이다. 단백질 분해율은 총 아미노산 대비 유리 아미노산(Free Amino acid)의 비율이다. 자연에서 유래한 미생물로 분해되는 '한식간장'은 단백질 분해율이 15~70%까지 다양하다. 오랜 시간이 지나야

감칠맛

간장의 TN 함량에 의한 분류

TN 함량	아미노산	KS 기준
TN 1.8	1.8 x6.25	특급
TN 1.5	1.5 x6.25	특급
TN 1.3	1.3 x6.25	고급
TN 1.0	1.0 x6.25	표준

분해율이 높아진다. 단백질 분해 능력이 우수한 미생물로 만든 '양조 간장'의 분해율은 78 ~ 83%이고, '산분해간장'의 분해율은 90~95% 이다. 산분해 간장이 가장 높고 전통 간장이 가장 낮은 것이다.

간장은 감칠맛의 정도를 표시하기 위해 T.N 지수를 사용하기도 한 다. 단백질이나 아미노산은 분석이 쉽지 않은데, 질소함량은 측정이 쉽다. 질소 함량을 측정하면 식품 속의 질소는 대부분 단백질(아미노 산)에서 유래한 것이라 아미노산의 함량과 감칠맛의 정도를 예측할 수 있는 것이다.

3-6 효소 분해와 산분해 간장의 장단점

전통의 간장이나 양조간장를 만들 때 미생물을 이용한다고 하지만 실제 기능을 하는 것은 미생물이 분비한 효소이다. 효소는 반응속도를 백만 배쯤 높이는 기능을 하기 때문에 효소 없이 콩 단백질이 자연 분해하려면 수십~ 수백 년이 걸릴 것이다. 효소 생성 능력이 우수한 미생물을 이용한 것이 양조간장이고, 그 미생물에서 효소만을 얻어 이 효소를 직접 촉매처럼 사용하여 단백질을 분해하여 제조된 간장을 '효소분해간장'이라고 한다.

산을 이용해 분해하는 것을 산분해 간장이라고 하며 혼합간장은 다른 방법으로 생산된 간장을 혼합한 것을 말한다. 산이나 효소로 분해한 간장은 분해율은 높아 감칠맛은 풍부하나 특유의 향기 성분이 부

감칠맛

족한데, 양조간장 등과 혼합하면 이를 보완할 수 있다. 산분해 간장은 100℃에서 3일 이상 가열하여 만들므로 열을 가해도 향미의 변화가 적은 장점이 있다. 발효로 만든 간장은 향이 뛰어나지만 가열하면 향에 손상을 발생하기 쉽다.

사람들은 산분해 간장에서 사용되는 것이 염산이다. 그래서 산분해 간장을 위험하다고 생각하는 경우가 많다. 이것은 마치 불이 너무나 뜨겁고 위험하니 불로 조리한 요리가 위험하다는 생각과 비슷하다. 산분해 간장뿐 아니라 모든 식품의 안전 문제는 물질 종류에 있지 않고 그 양에 있는데, 항상 양에는 관심이 없고, 종류만 따지려 하니 정말 문제다.

고농도의 염산은 당연히 위험하다. 그런데 희석한 염산도 위험할까? 사실 염산(HCl)만큼 깔끔한 산도 없다. 수소이온(H+) 하나와 염소이온(Cl−) 하나로 된 가장 작고 깔끔한 산이다. 고농도의 염산은 다른 산에 비해 몇만 배나 강력하게 수소이온을 내놓기에 위험하지 충분히 희석한 염산은 다른 유기산보다 안전하다. pH가 3만 넘어도 신맛이 느껴지지 않을 정도. pH가 1씩 낮아지면 수소이온(H+)의 농도가 10배씩 증가한다. pH가 4, 3, 2, 1 식으로 낮아지면 바람의 풍속이 초속 0.1m, 1m, 10m, 100m가 증가하는 식으로 강력해진다. 바람이 0.1m/sec로 움직이면 미풍이지만 100m/sec로 움직이면 우리가 한 번도 경험해 보지 못한 초강력 태풍이다. 염산이 위험해 보이지만 불에 비하면 장난 수준이다. 아무리 진한 염산이라고 해도 불만큼 뜨거울 수는 없고, 불만큼 위험할 수도 없다. 실제 식품 성분의 급격한 변화나 위험한 물질은 산으로 분해할 때가 아니라 불로 굽고 볶을 때 생긴다. 그리고 강산이나 강알칼리는 요리에서 불처럼 식품 가공에 다양하게 쓰인다.

강산이나 강알칼리는 정말 특별한 존재이다. 수소이온(H+)은 가장 작은 물질로 침투성이 높고, 셀룰로스처럼 단단한 조직 사이도 침투할 수 있고, 일단 침투하면 반발력으로 밀어내서 섬유소가 하나하나 분리되게 한다. 이 정도로 강력한 용해도 조절 능력은 없다. 이런 힘을 이용하여 pH조절, 추출, 침전, 반응, 응집, 탈산, 가수분해 등 너무나 다양한 용도로 사용된다. 그래서 식품첨가물 중에 압도적으로 많

염산의 농도와 pH의 관계

염산 농도 (%)	pH
0.00000001	6
0.000011	5
0.0014	4
0.016	3
0.019 (위산)	2
0.24	1
2.5	0.04
10.0 (묽은 염산↑)	−0.5
20.0	−0.8
30.0	−1.0
35.0 (진한 염산↓)	−1.1

감칠맛

이 쓰이는 물질이다. 식용유지 생산, 옥수수전분의 전처리, 유청 단백질의 전처리, 코코아 분말의 전처리 등에 쓰이고 복숭아, 귤, 밤 등의 과피에 있는 펙틴의 가용화를 위하여 알칼리가 사용된다. 염산을 이용하여 가수분해를 완료 후에 가성소다를 넣으면 다시 완벽한 소금과 물로서 전환되고 산은 흔적도 없이 사라진다. 그래서 산분해의 안전성은 세계적으로 검증되었다.

더구나 염산(HCl)은 우리 몸의 위산 성분 그대로다. 위산(염산)은 우리 몸에 건강의 파수꾼인데 음식 등을 통해 들어온 미생물을 살균하고, 단백질을 소화하기 쉬운 구조로 바꾸고, 효소도 활성화시킨다. 그래야 단백질이 정상적으로 소화 흡수가 된다. 그러니 염산(위산)이 없으면 우리의 건강은 제대로 유지되기 힘들다. 음식물이 위를 거쳐 소장으로 보내지면 중탄산나트륨으로 중화가 된다. 산분해간장과 똑같은 공정이 이루어지는 것이다.

심지어 일반인에게 양조간장과 산분해 간장을 비교하면 산분해 간장이 더 맛있다는 평가도 많다. 산분해 간장은 고작 120시간 분해에 240시간의 숙성을 거쳐, 15일 정도면 생산 가능하고, 양조간장은 6개월 이상 시간을 두고 만든 제품인데 왜 산분해 간장이 더 맛있다는 결과가 나오는 것일까? 다른 방법(효소분해, 미생물발효)과 비교하여 단백질의 분해율이 매우 높아 최종 산물내의 유리 아미노산 비율이 월등히 높은 장점이 있다. 양조간장은 72%, 젓갈의 경우 53%인 것에 비해 산분해간장의 경우 단백질의 90% 이상이 유리 아미노산으로 분해된

간장류 최종산물(유리아미노산 비율)의 비교

구 분	산분해간장	양조간장	젓갈제품
유리아미노산 함량	10.15 %	6.87 %	3.57 %
총아미노산 함량	11.02 %	9.59 %	6.73 %
분해율(%)	92 %	72 %	53 %
펩타이드 비율(%)	8 %	28 %	47 %

다. 그래서 산분해 간장을 일본에서는 아미노산액이라 명칭하고 국제적으로는 식물성단백분해물(Hydrolyzed Vegetable Protein, HVP)이라고 하는 것이다. 분해율이 높다는 것은 감칠맛을 내는 유리 글루탐산의 비율이 높다는 뜻이기도 하지만 강한 쓴맛을 내는 펩타이드는 적다는 뜻이기도 하다.

산분해 간장의 향미가 한국인이 좋아하는 진간장과 비슷하다고 한다. 우리는 "오래 묵힌 장이 좋은 장"이라고 알고 있다. 숙성시간이 길어질수록 콩 단백질이 더욱 많이 분해되어 감칠맛이 깊어지고, 메일라드 반응을 통해 향과 색이 깊어지기 때문이다. 그런데 어떻게 가장 짧은 시간에 만들어지는 산분해간장이 가장 오랜 시간이 걸려 만들어진 간장과 비슷한 맛을 낼까?

전통장에서 메일라드 반응은 고온이라면 불과 몇 분이면 일어날 반응이 몇 달 또는 몇 년이라는 긴 시간을 통해 조금씩 꾸준히 일어난다. 산분해간장은 높은 온도에서 그 기간을 1주일로 압축시킨 것이

감칠맛

다. 산분해간장은 강산을 사용하지만 그것만으로는 아미노산의 결합을 충분히 끊어내지 못하여 100℃ 전후의 온도 3~7일간 끓여서 만든 것이다. 상온이라면 몇 년, 160℃의 고온이라면 몇 분이면 일어날 반응이, 100℃에서 며칠이 걸려 일어나는 것이다. 메일라드 반응은 구운 빵, 구운 고기, 커피, 군고구마, 군밤, 호떡, 튀김 등에 공통인 고소한(로스팅) 향이 만들어지는 반응인데 산분해간장에서도 그런 반응이 충분히 일어났으니 한국인들이 좋아할 만한 조건을 갖춘 것이다.

산분해간장은 완전 자동화된 설비로 가장 작은 공간에서 가장 빠른 시간에 가장 환경 부담이 적은 공정으로 만들어진다. 제대로 된 산분해간장을 만드는 것은 전통 간장을 만드는 것보다 쉬운 것이 아니다. 공정 하나하나가 품질과 안정성을 완벽하게 구현하도록 설계하여 제어되고 있고, 설비도 매우 특별한 소재를 사용해야 한다. 이런 산분해간장의 맛이 모든 제품에 어울리는 것도 아니고 양조간장이 훨씬 어울리는 요리도 많다. 제품마다 속성과 쓰임새가 다른 것이지 안전이나 가치가 다른 건 아니다. 산분해 간장의 장점은 몇 가지가 있는데, 소금의 농도가 낮다는 것, 바이오제닉 아민이나 미생물독소의 위험이 없다는 것 등이다. 간장의 종류에 따라 용도가 다른 것이지 위험이 다른 것이 아니다. 그러니 각자의 장점이 온전히 이해되고 활용되기를 바랄 뿐이다.

산분해간장이 만들어진 지 70년이 넘고, 아무리 안전에 의구심을 가지고 조사해도 나타난 유일한 것이 3-MCPD이다. 3-MCPD는 지방을 구성하는 글리세롤과 소금의 염소 성분이 결합한 것이라 이것은 생각보다 흔하다. 우리가 3-MCPD에 노출되는 것은 주로 침출차, 빵류, 김치, 발효유, 커피 등을 통해서이고 간장이 차지하는 비율은 2.6%에 불과하다. 더구나 허용 기준을 0.3ppm에서 0.02ppm로 낮추었기 때문에 간장이 차지하는 비율은 더 낮아질 것이다. 0.02ppm은 잔류농약의 경우 그 농약이 없는 것으로 판단하는 초미량이다. 잔류농약도 보통 수 ppm 단위로 허용하는데 이보다 백배 이상 엄격하게 관리한다. 나는 3-MCPD를 위험물로 분류한 것 자체가 사카린처럼 잘못된 실험 결과 때문이라고 생각한다. 3-MCPD는 대사 과정에서 옥살산이 만들어지고 옥살산은 콩팥에서 요로결석을 만들기 쉽다. 3-MCPD의 독성은 대부분 신장 독성인데, 쥐에게 매우 과량을 투입하여 요로결석을 일으키고 그 결과로 위험물로 분류한 것이다. 그리고 그것을 관리하느라 수백 억의 비용을 투입했으니 그만한 낭비도 드물 것이다.

산분해간장은 HVP라고 할 수 있다. 모든 단백질 분해물은 감칠맛의 잠정 원료이고 콩, 어육, 밀단백 등의 단백질뿐 아니라 효모도 분해하면 조미료의 원료가 될 수 있다. 그래서 많은 HAP, HVP 제품들이 사용되고 있다. HVP(hydrolyzed vegetable protein)는 콩, 옥수수, 소맥 등 식물성 단백질을 산으로 분해해서 만든 식품이다. 세계 HVP 생산 규모는 아메리카 지역에서 28만 5,000톤, 유럽지역에서 27만 5,000톤, 아시아권에서 36만 5,000톤 규모(2015년)로 추산된다.

3-7 간장의 깊은 맛과 코쿠미

간장에는 다양한 펩타이드가 있는데 이들의 맛은 복잡하여 쉽게 단맛이나 신맛으로 표현할 수 있는 것이 아니다. 대부분 맛에 강한 영향을 주지는 않지만 여러 물질의 맛을 미묘하게 변화시켜 식품 전체의 맛을 조화롭게 만드는 역할을 할 수 있다. 펩타이드는 감칠맛 부여, 쓴맛의 마스킹, 완충작용에 의한 맛의 안정화 등의 역할을 한다. 그리고 원하지 않는 쓴맛을 부여할 수도 있다. 특히 애매한 길이의 펩타이드 중에 강한 쓴맛을 가지는 경우가 있다. 이들 쓴맛 펩타이드는 콩단백, 옥수수단백, 우유단백 등의 분해물에서 자주 발견된다. 이들 쓴맛 물질은 펩티드 끝 분자가 류신인 경우가 많다는 정도뿐 구조적 유사성이 별로 없다. 펩타이드에 의한 쓴맛은 치즈에서 많은 연구가 이루어졌다. 단백질을 작은 펩타이드로 분해하면서 쓴맛이 발생한다. 이 것을 더 작은 분자로 분해하면 다시 쓴맛이 없어졌다. 쓴맛 물질은 정말 다양한데 그중에서 곤란한 쓴맛이 비교적 큰 분자가 내는 쓴맛이다. 작은 분자는 짧은 순간만 쓴맛을 내고, 아주 큰 분자는 수용체에 결합하지 않아 무미가 되는데, 어정쩡한 크기의 분자가 매우 오래 끌리는 기분 나쁜 쓴맛으로 작용한다.

그래도 적당한 쓴맛은 맥주의 홉, 차의 폴리페놀, 쌉쌀한 나물처럼 매력을 부여한다. 더구나 깊은 맛을 부여하는 펩타이드도 있다. 펩타이드 중에 N-terminal에 글루탐산이 있는 것을 Glutamyl peptide 라 한다. 이 펩타이드는 감칠맛 특성이 있지만 강하지는 않다. 저분자 펩타이드 중에서도 γ-glutarmylpeptide는 매우 중요한 맛 성분으로 연구되고 있다. γ-glutarmylpeptide는 간장, 된장을 비롯하여 치즈와 어간장과 같이 주로 장시간 발효 숙성시킨 식품에서 발견되는 성분으로 깊은 맛 특성을 가지고 있다. 무언가 복잡하면서도 입맛을 돋우는 특성이 있기에 많은 사랑을 받아 오고 있는데, 그 배경이 되는 물질로 주목을 받고 있다. 이 물질은 아미노산과 펩타이드에 비해 매우 낮은 역치를 지니고 있기에 미량으로도 그 역할을 하는 것이 특징이다. 뭔가 더 맛있는 느낌을 준다.

간장의 펩타이드는 전체 질소의 15~19% 정도 존재하며, 산성 펩타이드가 많고 구성하는 아미노산으로는 아스파라긴산, 글루탐산, 류신의 함량이 많다. 글루탐산을 포함한 올리고펩타이드는 대두 글로불린이나 카제인 분해물의 쓴맛을 마스킹하는 효과가 있는 것으로 밝혀졌다.

육류 추출물, 고래 고기 추출물 등 육류 추출물류에 포함된 펩타이드는 대부분 카르노신 계열의 디펩타이드로 카르노신(carosnine, β-alanyl-histidine), 안세린(anserine, β-alanyl-3-methyl-histidine), 발레인(balenine, β-alanyl-1-methyl histidine)이 있다. 이들 펩타이드는 모두 미묘한 쓴맛이 있는데 감칠맛을 증강시키는 역할을 할 수도 있다.

Kokumi 펩타이드의 종류 및 역치.

물질	역치 (mM)	출처
γ-Glu-Glu	0.018	Cheese
γ-Glu-Phe	2.5	Soy sauce
γ-Glu-Gly	0.018	
γ-Glu-His	0.01	Cheese
γ-Glu-Leu	0.005	Cheese
γ-Glu-Met	0.005	Cheese
γ-Glu-Gln	0.008	Cheese
γ-Glu-Val	0.003	Cheese
γ-Glu-Tyr	2.5	
γ-Glu-Cys-Gly	0.3	Sourdough
γ-Glu-Val-Gly	0.3	Soy sauce

생선이 고기보다는 저렴하지요 : 젓갈, 어간장

고기도 숙성을 중요하게 여긴다. 막 잡은 쇠고기는 싱싱함 말고 내세울 것이 별로 없다. 도축하면 이내 사후 강직 상태가 일어나 고기가 부드럽지도 않고, 아미노산은 대부분 단백질로 결합한 상태라 혀로 느낄 수 있는 맛 성분이 많지 않다. 동물을 도살하고 시간이 지나면 세포의 조절 기능은 멈추게 되고 통제를 받던 효소가 주변 물질을 무차별적으로 공격해 무미, 무취의 큰 분자를 맛을 지닌 작은 분자로 변환시킨다. 단백질은 감칠맛이 나는 아미노산으로, 글리코겐(탄수화물)은 포도당으로, 핵산과 ATP는 감칠맛이 나는 이노신산과 구아닐산으로 분해된다. 또한 지방의 일부도 향기 물질로 전환된다. 그리고 이 성분들이 조리 과정에서 서로 반응해서 새로운 분자가 만들어지고,

감칠맛

고기의 향이 한층 강화된다.

숙성은 고기도 부드럽게 한다. 단단한 세포 골격을 유지하던 콜라겐이 분해되었기 때문이다. 보통 도살 후 1주일까지는 숙성의 시작이라고 하고, 2주는 지나야 고기의 맛이 들기 시작해 21일에서 25일 사이에 그 절정을 이루고 그 이후로 급격히 떨어진다고 한다. 숙성의 기술을 통해 고기의 잠재적인 맛을 최대로 끌어낼 수 있는 것이 요리사의 역할 못지않게 중요한 셈이다.

생선도 점점 선어회가 인기를 끌고 있다. 우리나라 횟집에는 유독 수족관이 많다. 살아 있는 생선을 잡아서 바로 먹어야 최고라고 믿음이 크기 때문이다. 우리는 약간 질긴 식감을 쫄깃한 것이라고 하면서 좋아한다. 그런데 생선 살은 최소 2시간 이상 냉장 상태에서 숙성해야 찰진 식감이 살아난다. 또한 단백질이 분해되어 감칠맛도 난다. 큰 광어의 경우 12시간은 숙성해야 감칠맛을 제대로 느낄 수 있다. 저온에서 1주일 이상 숙성시켜 맛을 낸 생선도 있다. 잡은 즉시 처리하여 냉장시킨 선어회가 수족관에서 오랫동안 스트레스를 받은 활어회보다 맛이 부족할 가능성도 적은데, 과거 우리는 무조건 활어회만을 최고로 치는 경우가 많았다.

많은 나라에서 생선을 발효시켜 사용해 왔다. 특히 동아시아에서 많이 생산하는데 크게 2가지 목적이다. 하나는 해안과 내륙의 강에 서식하는 엄청나게 많은 작은 물고기들을 오래 보관할 수 있게 해 준 것이고, 다른 하나는 쌀 중심의 단조로운 식단에 식욕을 자극하는 풍미를 제공한 것이다.

발효의 핵심은 부패하지 않게 하는 것이다. 보통은 부패균의 증식이 빠르기에 소금이나 산으로 부패를 억제해야 한다. 생선만 사용할 때는 소금을 많이 넣어야 하고 김치처럼 식물성 재료를 혼합하여 발효할 때는 적은 양의 소금을 써도 유산균 등이 만들어 낸 산이나 알코올이 생선을 보존하고, 그것들이 증식하면서 생성하는 온갖 부산물들에 의해 풍미를 돋운다. 아시아인들이 이러한 간단한 원리들을 이용해서 수십 가지 발효 생선 산물을 개발했다. 초밥의 원형도 여기에 포함되는데, 그것은 식초를 살짝 뿌린 밥에 완전히 신선한 생선살 한 점을 올리는 지금의 초밥과는 전혀 다르다. 지금은 냉장고가 일반화된 50년 전에야 널리 퍼진 방식이고 예전의 초밥은 가자미 식혜처럼 삭힌 생선이었다. 생선 소스는 콩이 잘 자라지 않는 지역에서 간장 역할을 한다. 젓갈은 소금 농도가 10~30%가 되게끔 생선이나 조개에 소금을 뿌리고 버무린 다음 밀폐용기에 담아 1개월(페이스트를 만들 때) 또는 24개월(소스를 만들 때) 동안 봉해 둔다.

감칠맛

어간장은 어패류를 소금에 절여 1년 이상 발효, 숙성시킨 액체 조미료이다. 작은 물고기뿐 아니라 새우, 오징어 등도 쓰이며 태국, 미얀마, 말레이시아, 중국의 해안지방, 일본 등에서 널리 사용된다. 우리나라는 멸치액젓, 참치액젓, 까나리액젓 등이 있다. 뼈가 연하고 어린 멸치, 까나리 등에 소금을 섞어 발효 숙성했다가 생선의 형체가 없어지고 맑은 액체 상태가 되면 장국만 걸러 만든 것이다. 잘 숙성된 것일수록 냄새가 없고 독특한 향과 감칠맛이 있어 한식 요리에 잘 어울린다. 국간장을 대신해 쓸 수도 있고 국물 요리나 무침 등에 간을 맞추는데 소금과 섞어서 쓴다.

　태국의 남플라 생선 소스도 유명한데 이는 팟타이, 카레, 볶음 요리에서부터 모든 중요한 디핑소스까지 다양한 방면의 요리에 없어서는 안 될 기본이다. 남플라는 생선을 염장한 후 발효를 위해 햇볕에 건조하여 만든다. 다른 생선 양념들과 마찬가지로 남플라는 다양한 맛이 좋은 음식의 기본양념으로 소금이나 간장 대신에 쓰인다.

　태국은 카피라고 불리는 새우 발효 소스와 같은 감칠맛이 풍부한 다른 양념도 가지고 있다. 느억맘은 베트남 요리에서 중요하다. 말레이시아에서 감칠맛의 주요 원천은 벨라칸이다. 이는 태국의 카피 페이스트와 많이 다르지 않은 발효 새우 페이스트이며, 톡 쏘는 향과 강한 풍미의 향을 가지는 상당히 건조한 케이크의 모습으로 나타난다. 인도네시아의 트라시, 필리핀의 바구웅과 같이 각각의 나라는 고유의 생선 발효제품을 가지고 있다.

생선과 곡물을 섞어 발효시키는 수많은 음식물 가운데 가장 큰 영향을 미친 것은 일본의 나레스시로, 오늘날의 초밥의 원형이다. 다양한 세균이 쌀의 탄수화물을 먹이로 증식해 부패를 막고, 머리와 가시를 무르게 만들고, 시큼하고 진한 특유의 맛에 기여하는 다양한 유기산들을 생성한다. 식초, 버터, 치즈 향이 난다. 나레스시의 시큼한 맛은 막 잡은 신선한 날생선으로 만드는 오늘날의 초밥에서 밥에 식초를 첨가하는 형태로 남아 있다.

스칸디나비아의 땅에 묻은 생선: 그라블락스

이 음식은 스칸디나비아의 중세시대 어부들이 어려움에서 출발했을 것이다. 그들은 많은 생선을 잡았지만 그것을 보관할 소금도 통도 부족했다. 해법은 씻은 생선을 가볍게 소금 처리한 뒤 땅에 구덩이를 파고(자작나무 껍질로 싸서) 묻는 것이었다. '그라 블락스'는 '묻은 연어'라는 뜻이다. 북극 지방의 낮은 여름 온도, 희박한 공기, 부족한 소금, 첨가된 탄수화물이 어우러져서 생선 표면을 산성화시키는 젖산 발효를 촉진하였다. 생선 살과 박테리아의 효소들이 단백질과 생선 기름을 분해해 버터 같은 질감과 강력하고 톡 쏘고 치즈 같은 냄새를 만들어 냈다.

생선 페이스트와 소스는 미생물들의 증식과 활동을 억제시킬 만큼 충분한 양의 소금을 사용을 사용해야 한다. 하지만 소금이 귀하면 어찌 될까? 가장 악명 높은 예가 바로 스웨덴의 수르스트뢰밍이다. 청어를 나무통에 담고 1~2개월 동안 발효시킨 다음 캔에 밀봉해 추가로 1년 정도 더 계속 발효시킨다. 캔 안에서 숙성을 담당하는 이 특이한 박테리아는 할로아나이로비움종이다. 이 박테리아가 수소와 이산화탄소, 황화수소, 뷰티르산, 프로피온산, 아세트산 등을 생성한다. 그 결과 원래의 기본적인 생선 맛에 썩은 듯한 악취가 발생한다. 보통 사람에게는 참을 수 없는 악취이지만 그것이 한때 선조의 절대적 단백질 공급원이었던 스웨덴 사람에게는 깊은 풍미의 음식이다. 우리나라의 홍어도 대표적인 악취 식품이지만 익숙한 사람끼리는 가장 쉽게 친밀한 사람들임을 확인하는 음식이기도 하다.

3-9 치즈의 감칠맛

우리에게 콩을 발효시켜 만든 간장이 있다면 서양에는 우유를 발효시켜 만든 치즈가 있다. 생우유는 원래 갓난아이를 제외하고는 아무도 직접 먹을 수 없었다. 먹으면 속이 부글거리고 설사하는 징벌을 받았기 때문이다. 그래서 처음에는 자연 발효로 유당이 분해된 발효유, 시간이 지나 표면에 떠오른 지방을 모은 것, 그리고 단백질(카세인)과 지방이 응집하고 발효시켜 치즈 같은 형태의 제품만 먹을 수 있었다. 우리가 생으로 먹을 수 없는 콩을 간장으로 만들었다면 서양은 생으로 먹을 수 없었던 우유를 감칠맛이 풍부한 단백질 발효식품인 치즈로 만든 것이다.

서양에서 치즈의 종류는 우리의 김치만큼 다양하다. 모두 우유라는 단순한 원료에서 출발하지만, 제조 방법과 과정에 따라 모두 풍미가 달라진다.

- 치즈는 에너지 밀도가 높다. 우리 몸은 에너지가 높은 음식을 좋아하게 설계되어 있다. 치즈는 우유에서 유단백과 유지방이 농축된 제품으로 훌륭한 에너지원이다. 그리고 소량의 유당도 분해되어 유당불내증 걱정 없이 즐길 수 있다.
- 치즈는 유지방이 많다. 유지방은 맛과 향에 지대한 영향을 끼친다.
- 치즈는 단백질이 풍부하다. 단백질 자체는 맛이 없으나, 여러 가지 아미노산이 분해되고 그 중에는 감칠맛 성분이 많아진다.
- 치즈는 향기 물질이 아주 많다. 미생물의 효소가 숙성 기간 동안에 여러 가지 향기 물질을 만든다.

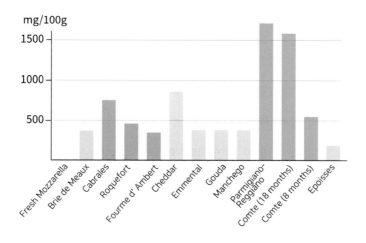

• 치즈 종류별 유리 아미노산 함량 (출처 : Umami information center) •

3-10 단백질 발효 식품의 향이 강렬한 이유

　간장, 치즈, 젓갈 등의 단백질 발효 식품은 오래 숙성하면 맛이 더 좋아지는 경우가 많다. 이것을 보고 사람들은 숙성하면 무작정 맛이 좋아질 것이라 기대하지만 특별한 조건을 갖추지 않으면 변질되거나 맛이 나빠지기 쉽다. 뚜껑을 열어두면 산소에 노출되어 산패가 심해지고, 수분이 증발해서 말라버리기도 하고, 휘발성 성분이 증발해서 독특한 향기가 사라지기도 한다. 원치 않는 미생물에 의해 부패가 일어나기도 쉽다. 이렇게 되면 맛이 좋아지기는커녕 독성 성분이 증가하여 식품의 가치를 완전히 잃어버리게 된다.

　숙성으로 맛이 좋아지려면 제품의 포장, 숙성 환경(온도, 습도, 햇볕 차단)도 중요하지만 숙성하려는 제품 자체가 숙성에 적합한 조건을 갖

　　　　　　　　　　　　　　　　　　　　　　　감칠맛

추어야 한다. 예를 들어 와인이나 양주를 오크통에서 숙성하면 오크통의 향이 강화되고 지나치게 자극적인 저분자 물질이 줄기 때문에 맛이 좋아지는 것이다. 향기 물질은 분자량이 적은 것은 휘발성이 강하여 강한 첫인상을 주지만 지나치게 자극적이다. 분자량이 클수록 휘발성이 줄어들어 감지되는 향이 줄고 중간 크기가 분자가 대체로 가장 우아한 향취를 지닌다. 향이 강하고 저분자 물질이 많은 경우와 같이 조건이 맞아야 효과가 있는 것이지 아무 술이나 오래 보관한다고 좋은 맛이 만들어지지 않는다.

단백질 발효식품은 대부분 향이 강렬하다. 탄수화물을 발효한 식품은 구성하는 분자가 포도당 하나이고 그것에서 나오는 물질이 친숙하지만 단백질에서 나온 향은 너무 강렬해서 조화를 깨는 경우가 있다. 일본이 사케를 만들 때 쌀의 표면을 강하게 도정하는 것은 겉면에 많은 단백질과 지방을 줄이고 전분만 남기려는 목적이다. 단백질과 지방은 부패취와 유사한 향도 많이 만들어진다. 세계 5대 악취식품으로 알려진 것이 모두 단백질 분해 식품이다. 1위가 스웨덴의 청어통조림인 '수르스트뢰밍', 2위는 우리나라의 '홍어'. 3위는 뉴질랜드 '에피큐어치즈', 4위는 '키비약', 5위가 생선에 소금을 쳐 삭힌 일본의 '쿠사야'다. 그리고 취두부 또한 단백질 식품이다. 심지어 우리에게 구수하게 느껴지는 된장찌개마저 견디기 힘든 악취로 받아들인 경우도 있다.

1970년대 파키스탄에서 유학한 이강덕 씨는 파키스탄 음식은 향도 강하고 입에 맞지 않는 데다 학생들이 밥을 손으로 집어 먹는 모습은 비위가 거슬렸다고 한다. 6개월 정도 입에 맞지 않는 음식으로 버티다 보니 너무 힘들어 룸메이트에게 양해를 구하고 된장국을 끓이기 시작했다. 그런데 룸메이트가 방에 들어오자마자 '웩웩' 구역질을 하더니 창문을 열고 당장 치우지 않으면 갖다 버리겠다고 야단이었다. 기숙사 주방에 갔지만 그곳도 난리가 났고, 생각다 못해 기숙사 뒤편 공터로 가서 끓이기 시작하자 온 기숙사 학생들이 우르르 몰려나왔다고 한다. 과거 한국인에게 치즈는 상한 음식의 냄새가 나는 정말 싫어하는 식재료였지만 지금은 모든 요리에 사용할 정도로 친숙한 식재료가 된 것과 마찬가지다. 미각(감칠맛)은 영양에 대한 본질적 감각이고, 후각은 개별 음식에 대한 기억의 수단이라 경험이 쌓이면 미각이 쉽게 후각을 이긴다.

단백질 발효 식품의 향이 강렬하여 국가와 개인별로 호불호가 심하게 나뉘는 것은 아미노산 형태의 다양성과 아미노산에 포함된 질소와 황때문이다. 류신(Leucine), 발린(Valine)과 같이 곁가지를 가진 형태의 아미노산은 이소발레르알데히드와 이소발레르산 같은 독특하고 강한 냄새 물질을 만든다. 이소발레르알데히드는 강할 때는 땀이나 발냄새이고 적당히 어울릴 때는 초콜릿, 표고버섯, 장류의 향이다.

아미노산은 맛물질로 작용하는데 아미노기가 분해되어 떨어져 나가면 케토산이 되고, 카르복실기(Carboxyl)가 떨어지면 친수기가 제거된 알데히드(Adehyde)의 형태가 된다. 향기 물질은 알데히드 형태일

감칠맛

때 가장 강렬하다. 이것이 다시 알코올(Alcohol)이나 유기산(Organic acid)의 형태가 되면 물에 녹는 성질이 증가하고 향은 크게 약해진다. 발효의 과정에서는 다양한 유기산과 알코올류가 만들어지는데 이 두 가지 물질이 결합하면 에스터(Ester)라는 향기 물질이 된다.

에스터 물질은 무난한 발효 향이다. 여기에 황이 개입하면 양상은 완전히 달라진다. 똑같이 생긴 향기 물질에서 그것을 구성하는 산소

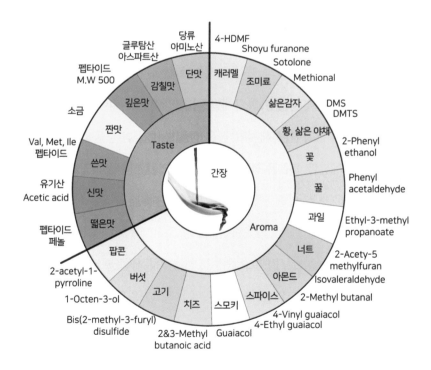

• 치즈 종류별 유리 아미노산 (출처 : Umami center) •

하나만 황으로 바꾸면 향의 강도가 수천~1억 배까지도 강해진다. 인간의 코가 황 냄새에는 개 코보다 예민해져 멀리서 고기 굽는 냄새를 맡기도 하지만 조금만 과해도 불쾌해진다. 최악의 악취로 꼽히는 것이 스컹크 냄새, 두리안 냄새 등도 황(싸이올)을 포함한 향기 분자가 핵심적인 역할을 한다. 오죽하면 일부러 악취 물질로 활용할 정도다. 메탄, 프로판 가스 등은 냄새가 없다. 가스 누출 시 이를 인식하지 못하면 큰 사고로 이어질 수 있어서 일부로 악취 물질로 저분자의 황화합물을 추가한다.

질소화합물은 내열성이 있거나 비린내 등 동물적인 냄새에 주도적 역할을 한다. 그러니 이런 분자를 순화시킬 필요가 있다. 단백질 발효 식품은 그래서 장시간의 숙성이 필요한 것이다. 단백질 분해로 만들어진 향은 처음부터 좋아하기에는 너무 강렬한데 먹어 본 경험이 쌓이면 그 냄새에도 익숙해지고 깊은 감칠맛에 점점 중독되기도 한다. 냄새에서 개성과 이취는 정말 한 끗 차이다.

감칠맛

4장

서양의
감칠맛 재료

4-1 서양요리의 베이스 스톡과 소스

서양요리에서 소스의 역할은 다양하다. 버터를 베이스로 한 것은 미묘한 진한 맛을, 신맛의 샐러드드레싱과 마요네즈는 새콤하면서도 진한 맛을, 살사는 새콤하면서 얼얼한 맛을 전달한다. 그리고 입과 코를 맛과 향으로 가득 채우고, 음식에 농후한 배경을 제공하는 복합적인 풍미 혼합물이 있다. 바로 스톡에 기초한 소스이다. 이들은 음식에 새로운 맛을 만드는 것이 아니라, 음식물 본연의 맛을 깊게 하고, 다른 요리들의 기저에 깔린 맛을 통합하는 데 있다. 이것을 이루는 것이 결국 감칠맛을 바탕에 둔 맛의 조화이다. 서양은 감칠맛(우마미)을 공식적으로는 인정하지 않았지만, 무의식적으로 요리에 적극 활용해 왔다.

감칠맛

스톡은 우리말로 하면 '육수' 정도이고, 주재료에 따라 치킨스톡, 비프스톡, 생선스톡, 채소스톡 등으로 나누지만 양식에서 말하는 스톡이란 프랑스 방식의 육수를 말하는 경우가 많다. 이것은 프랑스가 현대적 서양식 요리의 기초를 정립한 이유가 클 것이다. 프랑스식 육수의 제조법과 활용에 큰 획을 그은 요리사가 오귀스트 에스코피에다.

요리사 오귀스트 에스코피에(1846~1935년)는 12세에 요리하는 일을 시작하여 74세에 칼튼 호텔에서 은퇴할 때까지 62년 동안 요리를 했으며, 빌헬름 2세는 "나는 독일의 제왕이지만, 당신은 요리의 제왕이다."라고 말했다. 그는 오늘날 우리가 접하고 있는 주방 시스템 창시자였고, 러시아의 음식 서비스 방법을 도입하여 한꺼번에 음식을 차리지 않고 시간순으로 차례로 제공하는 방식을 정착시켰고, 고객으로부터 주문받은 전표를 3장으로 만들어 한 장은 주방, 한 장은 접객원, 또 한 장은 캐셔에게 돌아가도록 하고, 전표에 고객의 성명을 적어 그 고객이 재차 방문했을 때 그가 선호하는 음식이 무엇인지 미리 알아차리는 고품위 음식 서비스의 틀을 마련하는 등 프랑스 요리의 수준과 서비스의 품격을 높이는 다양한 기틀을 마련하였다. 그래서 1920년 프랑스 정부로부터 레지옹 도뇌르* 훈장을 받았고, 후에 귀족

---

* 레지옹 도뇌르훈장(Ordre de la Légion d'honneur): 프랑스 최고의 훈장으로, 군공(軍功)이 있는 사람이나 문화적 공적이 있는 사람에게 대통령이 직접 수여한다. 1802년 나폴레옹 1세가 제정했으며, 5계급(슈발리에 ·오피시에 ·코망되르 ·그랑도피시에 ·그랑크루아)으로 나뉜다. 다른 훈장과 같이 공적에 대한 표창이라기보다 영예로운 신분을 수여한다는 성격이 짙다. 외국인에게 수여되는 것은 주로 슈발리에이다.

단체의 정회원이 되어 조리사의 사회적인 지위와 명예를 높이는 데도 큰 공헌을 했다.

에스코피에는 송아지고기 육수 만드는 방법을 정립했는데 물론 그전에도 뼈를 끓여 육수 만드는 사람은 많았지만 아무도 그처럼 그 방법을 체계적으로 정리하지는 않아 최고의 송아지고기 육수 만드는 방법은 연금술처럼 신비에 싸여 있었다. 에스코피에는 당시에 화려하게 피어오르는 과학적 성취와 방법을 깊이 받아들여 라부아지에가 화학에서 했던 성취를 요리 분야에서 이루고자 했다. 부엌에 오랜 세월 내려온 미신들을 새로운 요리 과학으로 대체하고자 한 것이다. 물론 그의 태도나 요리법이 전부 과학적이지는 않았지만, 그는 요즘 뇌과학이 깨달은 사실을 이미 알고 있는 듯 사람의 심리를 활용하였고, 감칠맛의 비밀을 이해한 듯 제대로 된 육수 제조법을 정립하였다.

그는 『요리의 길잡이』(1903년)의 첫 장에 요리사들에게 뼈에서 풍미를 우려내는 것이 얼마나 중요한지를 잘 강조하였다. "실로 육수는 요리에서 모든 것이다. 육수 없이는 아무것도 할 수 없다. 좋은 육수를 만들면 나머지는 식은 죽 먹기다. 반면에 육수가 질이 나쁘거나 그저 그렇다면, 만족스러운 식사 준비는 기대하지 않는 것이 좋다." 그는 다른 요리사들이 내버리는 살점이 없는 힘줄, 쇠꼬리, 셀러리, 양파, 당근 등의 자투리를 넣고 깊은 맛이 우러날 때까지 푹 고았다. 그는 그저 그릴에 구운 고기를 내놓는 것으로는 할 일을 다했다고 할 수 없다는 것을 잘 알고 있었다. 그는 세자르 리츠 호텔의 셰프였고, 그의 손님은 금칠을 두른 식당에서 눈이 튀어나올 만한 비싼 비용을 지불 가치가 있는 요리를 기대했다. 그런 기대에 부응한 요리를 만들기 위해 에스코피에는 육수의 비결에 의지했다.

4-2 서양 스톡에서 메일라드 반응과 감칠맛

그는 평범한 소테 요리를 고상하게 만들기 위해, 메일라드 반응을 추가한 육수로 깊고 진한 풍미를 더한 것이다. 고기를 뜨거운 팬에 요리한 후, 고기를 꺼내어 레스팅을 하는 사이에 향이 녹아든 맛있는 기름과 고기 부스러기가 눌러 붙은 팬을 데글라세[*] 했다. 고기를 고온에서 로스팅하면서 메일라드 반응을 통해 근사하게 갈변된 겉껍질이 생기게 한 다음, 그 팬에 진한 송아지고기 육수를 가하여 액체가 증발하면서 팬 바닥에 눌어붙은 기름과 고기를 포함한 기막힌 풍미를 가진

---

[*] 데글라세(DÉGLACER)는 팬이나 냄비에 재료를 튀기듯 지지거나 소테한 뒤 각 요리에 알맞게 선택한 액체(와인, 마데이라 와인, 콩소메, 육수, 생크림, 식초 등)를 조금 부어 남아 눌어붙은 맛즙(suc)을 불려 녹여내는 방법을 뜻한다. 이는 주로 남은 맛즙을 이용하여 농축 육즙(jus)이나 소스를 만들때 사용한다.

감칠맛

소스를 만들어 활용할 줄 알았다. 에스코피에가 만든 이런 육수와 소스의 기법은 아직도 조금씩 변형되어 사용될 정도로 육수와 소스의 기본 기술을 정립한 것이다. 그는 요리책에 에스투파드 만들기를 모든 것의 조촐한 기초라고 하면서 다음과 같이 설명한다.

우선 소뼈와 송아지 뼈를 오븐에서 갈색이 나게 굽는다. 그런 다음, 육수 냄비에 당근 한 개와 양파 한 개를 볶는다. 거기에 찬물을 붓고, 아까 구운 뼈와 돼지 껍질 조금, 그리고 향신료 다발(파슬리, 백리향, 말린 월계수잎, 마늘 한 쪽)을 넣어 12시간 동안 푹 곤다. 뼈에서 맛이 우러나면, 소스 팬에 뜨겁게 달군 기름에 고기 조각들을 볶아서, 뼈에서 우려낸 육수로 데글라세하여 졸인다. 이 과정을 반복하여 다시 한 번 더 한다. 그런 다음, 남은 육수를 서서히 더한다. 표면에 뜨는 기름을 조심스레 걷어내고 몇 시간 더 은근히 끓이고 고운 체로 걸러낸다. 자, 이렇게 온종일 육수를 만들고 나면, 비로소 요리를 시작할 준비가 된 것이다. 스톡에는 설탕도 소금도 식초도 들어가지 않는다. 따라서 단맛, 짠맛, 신맛도 없다. 스톡은 아무것도 넣지 않고 그대로 먹으면 맛도 냄새도 그다지 좋지 않다. 단지 중립적인 그다지 먹고 싶지 않은 스톡이 왜 모든 소스의 기초일까? 그것은 오랜 시간을 통해 추출된 감칠맛 성분 때문이다.

4-3 육수를 오래 끓이는 이유

일반적으로 육류 고기라고 하면 액틴과 미오신으로 구성된 근육 즉 살코기를 생각하지만, 우리 몸에 가장 흔한 단백질은 콜라겐이다. 우리 몸 단백질의 25~35%를 차지하여 양적으로 가장 많고 기관과 조직을 하나로 묶어 연결하는 세포 간 접착제 기능 등 중요한 역할을 한다. 같은 무게의 강철보다도 강인한 흰색 섬유성 단백질로 근육보다 100배는 단단한 조직을 만들 수도 있다. 질기기로 소문난 고래힘줄이 바로 콜라겐이다. 그래서 콜라겐이 부족하거나 튼튼하지 못하면 피부, 뼈, 연골, 혈관 벽, 치아, 근육 등의 구조와 기능이 떨어진다.

적은 힘을 가하고 가벼운 움직임만 하는 작은 근육들은 약한 콜라겐과 얇은 근섬유들을 가지고 있어서 고기가 연하다. 강력한 힘을 가지

감칠맛

고 극심한 운동을 담당하는 큰 근육은 강한 콜라겐과 두꺼운 근섬유를 가졌고 고기가 질기게 된다. 연골이 콜라겐이고 경골은 콜라겐 사이사이에 칼슘과 인이 결합한 인회석이 채워진 것이라고 할 수 있다. 그래서 뼈를 오래 삶으면 콜라겐이 부드러운 젤라틴으로 변화된다. 물론 쉽지는 않다. 동물이 나이가 들수록 많이 사용한 근육의 콜라겐 교차 결합이 증가하여 단단해진다. 이런 콜라겐을 분해하려면 충분히 긴 시간 동안 높은 온도로 가열해야 한다.

소고기 뼈를 8시간 정도를 가열하면 뼈의 콜라겐 가운데 20% 정도가 젤라틴의 형태로 우러나온다. 그래서 옛날부터 소의 뼈를 구하면 국물을 우리고 또 우려냈다. 고기는 탁월한 풍미의 원천이지만 값비싼 재료였고, 뼈와 껍질은 빈약한 풍미의 원천이지만, 가격이 저렴하고 젤라틴 원으로서는 탁월하였다. 고기로 만든 육수가 가장 풍미가 좋았지만, 잡뼈와 돼지 껍질 등으로 만든 육수도 젤라틴이 풍부하여 묵직하면서 영양도 충분한 것이었다. 그러니 육수는 고기와 뼈 등을 적절히 섞어서 만든 것이다.

생선도 탕으로 끓이면 훌륭한 육수 국물이 되었다. 어류의 콜라겐은 육상동물처럼 단단한 몸집이 필요 없으므로 교차 결합한 콜라겐이 적어서 훨씬 더 낮은 온도에서 녹고 용해된다. 난류 어종에서 얻은 젤라틴은 25℃ 전후에서 녹고, 한류 어종에서 얻은 것은 10℃에서 녹을 정도이다. 그러니 생선은 소뼈처럼 오래 끓이지 않아도 감칠맛이 풍부한 국물이 되었다. 이런 고기 국물은 자체로는 맛의 특징이 약하지만, 음식에 사용된 모든 식재료의 맛을 제대로 살려주고, 또한 여러 가지 맛을 통합하여 깊은 맛을 느끼게 하는 데 결정적 역할을 하였다. 육수의 핵심인 감칠맛은 여러 재료가 만날수록 그 맛이 깊어지는 특징이 있다.

육수는 화이트 스톡과 브라운 육수로 구분된다. 화이트 스톡은 채소와 고기, 소의 다리뼈를 잘라서 육수 포트에 넣어 찬물을 붓고 끓이며, 브라운 육수는 뼈, 채소를 오븐에 색을 내어 만든다. 육수를 만들때 최소한 7~8시간 동안 천천히 끓여야 젤라틴이 녹아 나오고, 고기에서는 구수한 맛이 우러나오며, 향미 채소와 향신료의 독특한 향기가 추출된다. 육수의 색깔은 재료에 의해 좌지우지된다. 채소스톡에양파, 셀러리, 당근을 사용하면 당근의 카로틴 색소에 의해 노란빛을띤다. 고기만 넣고 끓이는 경우 맑은 색을 띠며 뼈가 많이 들어간 육수의 경우 불투명한 색을 띠게 된다. 이는 뼈에서 우러나는 인지질 성분이 약간의 유화 작용을 일으키기 때문이다.

육수를 만들 때 고기의 독특한 냄새를 제거하기 위하여 셀러리, 양파, 파, 양배추, 당근 등의 채소를 가하여 끓인다. 이러한 채소류는 황화합물을 함유하기 때문에 조리 과정에서 강한 자극성 냄새를 발한다. 생선 육수의 경우는 생선뼈 및 조개류를 이용하기도 한다. 어패류는 독특한 냄새와 맛을 지니고 있으며, 주로 생선요리에 사용될 소스를 만드는 데 쓰인다.

감칠맛

4-4 육수 만들기

고기는 맛있지만 비싼 재료이고 젤라틴(콜라겐)의 양은 많지 않다. 뼈와 껍질은 저렴하면서 젤라틴 원으로서는 탁월하다. 따라서 가장 풍미가 좋고 비싼 스톡은 고기로 만든 것이며, 가장 묵직하면서 저렴한 스톡은 뼈와 돼지 껍질로 만든 것이다. 보통의 스톡은 이것들을 적절히 섞어서 만든다. 특히 송아지 뼈와 고기로 만든 것은 중립적인 맛을 낼 뿐 아니라 수용성 젤라틴 비중이 높은 까닭에 높이 친다. 연골이 많은 송아지 도가니와 발은 특히 젤라틴이 많다.

요리사들은 풍부한 맛을 내기 위해서 고기와 뼈뿐 아니라 셀러리·당근·양파 등의 향신채소와 갖가지 허브들, 때로는 와인을 함께 넣어 익히기도 한다. 당근과 양파는 향뿐만 아니라 단맛에도 기여하며, 와

인은 신맛과 감칠맛을 더해 준다. 이 단계에서 소금을 첨가하는 것은 금물이다. 고기와 채소에서 약간의 소금을 배출하며, 스톡이 조려지면서 염도가 올라가기 때문이다.

고전적인 고기 스톡은 최대한 투명해야 한다. 따라서 스톡 만들기의 세부 사항들 가운데 상당 부분이 불순물들, 특히 보기 흉한 회색 입자들로 응고되는 수용성 단백질들을 제거하는 것과 관련이 있다. 단백질은 친수성과 소수성이 같이 있어서 거품을 만들고 다른 여러 물질을 포집한다. 뼈와 고기를 깨끗하게 씻고 이것들을 냉수에 넣고 끓인 다음, 꺼내서 물로 헹구면 수용성 단백질과 표면의 불순물이 제거되고 뼈와 고기의 표면 단백질들이 응고되어서 고기 국물을 탁하지 않게 된다.

브라운소스에 쓸 짙은 색깔의 스톡을 만들 때는 뼈와 고기를 먼저 뜨거운 오븐에서 구워서 메일라드 반응을 일으킴으로써 특유의 색과 향을 만든다. 메일라드 반응은 여러 요리에서 맛의 핵심이기도 하며, 이때 만들어진 향이 감칠맛을 높이는 역할도 한다.

고깃덩이를 물속에서 살짝 익히거나, 오븐으로 노릇노릇하게 구운 후 뚜껑을 덮지 않은 냄비에 찬물을 붓고 고기를 익히기 시작한다. 약한 불로 천천히 푹 익히면서 주기적으로 표면에 뜨는 기름기와 거품을 제거한다. 찬물에서 시작해서 서서히 익히면 고깃덩이에서 수용성 단백질들이 빠져나와 서서히 응고되어 걷어내기 쉽도록 커다란 덩어리를 지어 표면으로 떠오르거나, 또는 팬 옆면에 눌어붙거나 가라앉는다. 뜨거운 물에서 시작하면 수많은 미세한 단백질 입자들이 흩어진 채 떠다녀 스톡이 탁해진다. 단백질과 기름방울들이 마구 휘저어져서 혼탁액과 유화액이 만들어진다.

　육수를 끓일 때 냄비 뚜껑을 덮지 않는 이유는 여러 가지다. 수분이 증발하기 쉽고, 표면을 식히기 때문에 스톡이 끓어 넘칠 가능성이 낮아진다. 표면의 굳은 것들이 말라서 물에 쉽게 녹지 않게 되므로 건져내기가 쉬워진다. 오래 끓이는 것은 스톡에 더 진한 풍미를 주는 농축 과정의 시작이기도 하다.

　표면에 부유물이 뜨는 형상이 잦아들면 채소, 허브, 와인을 넣고 고깃덩이에서 젤라틴과 맛이 우러나올 때까지 익힌다. 그리고 무명천이나 금속 거름망으로 고깃덩이가 눌리지 않게 액체를 가만히 걸러 낸다. 고기를 누르면 액체에 탁한 입자까지 나오니 조심한다. 액체를 완전히 식히고 표면에 굳은 지방을 제거한다. 그러면 이제 스톡을 사용할 준비가 된 것이다. 그대로 쓸 수도 있고, 농축해서 쓸 수도 있다. 이 스톡에 고기와 뼈를 새로 넣고 매우 강한 풍미를 가진 고급스럽고 값비싼 더블 스톡을 만들 수도 있다.

　보통 8시간 정도 끓이는데 이 정도의 추출로는 쇠고기 뼈의 젤라틴 가운데 고작 20%밖에 우려내지 못하기 때문에 이 뼈들을 2차로 총 24시간까지 우려내어 다음 번에 새로운 고기와 뼈를 우려내는 데 쓸 수도 있다.

고기 스톡의 농축: 글라스와 데미글라스

원래 부피의 10분의 1로 줄어들 때까지 스톡을 천천히 뭉근하게 끓이고 식히면 단단하고 투명한 젤리가 된다. 여기에는 젤라틴이 다량 함유돼 점성이 시럽 같고, 끈적끈적하고, 걸쭉하며, 농축된 아미노산이 들어 있어서 맛이 진하고 풍부하다. 또 오랜 조리 시간 동안 휘발성 분자들이 증발돼 향의 특징은 약해진다. 이 중성의 맛이 모든 요리에 어울리는 맛의 베이스가 되는 것이다.

스톡이 처음 만들어질 때는 물이 90% 이상이며, 용해된 고기 성분은 3~4%에 불과하지만, 최종적인 추출물은 20%의 물, 50%에 달하는 아미노산·펩티드·젤라틴, 20%의 칼륨, 인 등 미네랄, 그리고 5%의 염분이다. 젤라틴의 점도가 너무 높으면 압력솥으로 익힘으로써 의도

감칠맛

적으로 젤라틴을 더 작은 분자로 쪼개기도 한다. 고기 추출물의 갈변 반응을 억제하고, 옅은 색상을 유지하고, 구운 맛과 향이 진하게 느껴지지 않도록 75℃ 이하에서 수분은 증발시킨다.

허브와 향신료를 넣고 살짝 익혀 내면 시판 고기 추출물이나 통조림 브로스의 풍미를 개선할 수 있다. 농축 과정에서 고기 향까지 제거되는데, 허브나 향이 좋은 채소를 시판 추출물에 넣고 끓이면 원래 제품에 없던 향을 살릴 수 있다. 그리고 생선과 조개도 스톡으로 만들 수 있으나 어류의 콜라겐은 포유류나 조류의 콜라겐과 다르다. 앞에서 설명한 바와 같이 어류의 콜라겐은 교차 결합된 콜라겐이 적어서 훨씬 더 낮은 온도에서 녹고 용해된다. 난류 어종의 젤라틴은 약 25℃에서 녹고 한류 어종의 콜라겐과 젤라틴은 10℃에서 녹는다. 따라서 생선으로 육수를 낼 때 단시간에 약한 불에서 익혀야 하는 또 다른 이유는 생선 젤라틴이 비교적 연약해서 익히면 쉽게 파괴되기 때문이다. 따라서 전통적인 생선 조리액을 '빠른 부용'이라는 뜻의 '쿠르부용'이라고 한다. 쿠르부용은 물, 소금, 와인, 향료를 함께 넣고 짧게 익혀서 만든다.

스톡의 종류

정제 형태의 스톡은 17세기 영국의 요리사 앤 블렌코(Anne Blencowe)

가 만든 것이 최초의 기록으로 전해진다. 그 뒤 육수를 상품화하려는 시도는 많았다. 단일 물질로 MSG를 발견하고 생산한 것은 일본이 앞섰지만, 감칠맛의 상품화는 서양이 앞섰다고 할 수 있다. 1886년부터 식물성 가수분해 단백(HVP)이 사용되고, 1908년 매기Maggi, 1910년 옥소Oxo, 1912년 크노르Knorr에 의해 스톡이 산업적으로 대량 생산되기 시작한다. 이들은 가정에서 더 이상 몇 시간씩 닭고기로 육수를 우릴 필요 없이 쉽게 감칠맛을 낼 수 있게 되었고, 작은 부피로 휴대성이 좋고, 보관이 편리해 군인에게 배급되기도 했다.

- white : 미르포아는 화이트 미르포아(색을 내는 채소가 들어가지 않은 미르포아)만 사용해서 만들며 스톡 끓이기 전 로스팅 색이 나지 않게 만든 스톡으로 흰색 소스나 스프를 만들 때 사용하며 fish stock을 주로 이 방법으로 만든다.
- brown : 스톡을 끓이기 전 미르포아와 주된 재료를 충분히 로스팅 시켜 메일라드 반응과 캐러멜 반응을 일으켜 더 진한 맛을 내 스톡을 끓인다. 주로 깊은 진한 맛의 소스를 만들 때 이용한다.

vegetable stock

주재료가 채소로 채소스프, 베지테리언 소스, 드레싱 등에 이용되

감칠맛

며 기본 재료인 미르포와로 만든다. 그 외에는 취향이나 용도에 따라 재료가 달라진다. 각종 채소를 우려내어 만든 스톡으로, 주로 향이 강한 버섯이나 익히면 단맛이 나는 파, 양파, 마늘 등이 주로 쓰인다.

육수(肉水)란, 고기를 우려낸 물을 뜻하는 단어다. 요즘은 고기가 들어가지 않아도 재료를 우려낸 물이라면 육수라고 부르지만, 고기가 들어가지 않을 경우 재료명과 함께 국물로 표시하기도 한다. 서양요리에서는 스톡이라고 한다. 스톡이라는 단어는 채소, 어패류로 낸 국물도 포함한다. 한국어에서의 '스톡'은 이러한 국물을 굳힌 고형 큐브를 지칭하는 경향이 있다.

beef stock

소뼈와 힘줄 등을 이용해 만들며 소뼈는 끓이기 전에 찬물에 담가 피와 불순물을 제거해 사용한다. 주로 메인 요리인 스테이크 등의 소스로 사용한다. 쇠고기 우려낸 맛이 나는 스톡이다. 힌두 문화권을 제외하고 소고기 육수는 보편적으로 인기가 있어서 전 세계적으로 브랜드도 많다. 하지만 주로 서구권의 인스턴트 비프 스톡은 국내에서 잘 보이지 않는데, 다시다류의 제품이 이미 오래 전부터 국내 시장을 장악하고 있기 때문이다.

돼지고기를 우려낸 스톡으로 돼지국밥, 돈코츠 라멘 국물을 생각하면 편하다. 돼지 국물은 한국에서나 일본에서나 적은 편이다. 일본은 가쓰오부시와 다시마가 주류이고 한국은 삼계탕, 백숙 등 닭 국물이나 곰탕, 설렁탕 등 소고기 국물이 주류이다. 다만 음식 자체로 돼지국밥, 순대국밥, 뼈해장국 등 돼지뼈나 살로 우려내는 국밥류 메뉴들은 많다.

닭으로 만든 스톡으로 육류 중 가장 많이 쓰이는 육수이다. 닭을 이용한 요리나 스프에 주로 사용되고 채소 스톡은 너무 약하고 비프 스톡은 너무 강할 때 사용한다. 치킨스톡은 서양음식에서만 쓰일 것 같지만 사실은 중화요리에서도 자주 쓰이며, 지징(鸡精, 雞精, 계정)이라고 한다. 여러 메이커에서 만드는데 서양업체에서 만들어지는 치킨스톡은 서양 음식에 어울리고 이금기에서 만드는 치킨 파우더는 닭백숙 국물, 진하게 끓이면 닭곰탕 맛이 난다.

감칠맛

일본의
다시마와 부시

5-1 다시(Dashi)는 일본 요리의 필수요소

우마미가 국제 학술용어로 인정을 받은 것은 감칠맛의 발견에 일본 과학자들이 핵심적인 사실을 밝혔기 때문이다. 이런 감칠맛의 발견에는 일본 감칠맛 요리의 핵심인 다시(Dashi)가 있다. 다시의 주재료인 다시마를 추출하면 수많은 아미노산 중에서 감칠맛을 내는 글루탐산과 아스파트산만 대량으로 추출되어 확인이 쉬웠던 한 측면도 있다. 다시는 여러 면에서 일본 요리의 비밀 재료라 여기에서는 〈다시와 우마미; 일본 요리의 정수 *Dashi and Umami ; The heart of japanese cuisine*〉 내용 일부를 출판사의 허락을 얻어 소개하고자 한다.

다시는 많은 일본 요리의 맛을 잘 뒷받침한다. 간장이나 미소(일본된장)와는 달리 다시의 존재감은 바로 나타나지는 않지만, 음식의 맛에

감칠맛

미치는 영향은 엄청나다. 다시의 역할은 서양의 스톡들과는 미묘하게 다르다. 예를 들어 강한 맛의 닭 육수는 그 자체로도 알아볼 수 있고 즐길 수 있다. 다른 음식에 첨가하여도 자체 특성이 뚜렷한 재료이다. 하지만 다시 맛은 특징이 약하고 미묘하여 음식 안에서 쉽게 알아볼 수 없다. 다시 자체로는 크게 입맛을 당기지는 않는다. 다시가 일본 요리에서 하는 일은 다른 풍미 있는 재료들의 맛을 두드러지게 하고 맛을 꺼내서 깊이, 강도, 복잡함을 이끌어내는 것이다. 다시에는 우마미 성분이 풍부하기 때문이다. 스톡과 다시를 구별하는 또 다른 중요한 요소는 요리 속도이다. 스톡은 완전한 맛을 내기 위해서 장시간 동안 동물 뼈나 채소들을 가열한다. 하지만 다시는 상대적으로 빠르게 조리된다. 물론 다시에 쓰이는 재료들은 몇 세기를 걸쳐 선택되고 개발된, 시간이 많이 필요한 방법으로 준비된 것이다.

다시(Dashi)와 다른 육수의 차이는?

　다시와 같은 재료는 과연 일본에만 있을까? 다른 나라에도 다양한 육수가 있다. 이들의 경우 고기 등을 많은 시간을 들여 가열 추출한 것으로 기름기가 많고 진하고 향이 강해 다양한 향신료 등을 사용하는 경우가 많다. 이탈리아의 수프형 야채조림은 기름기가 많고 토마토의 양념으로 향이 상당히 강하다. 러시아의 보르쉬는 생크림이나 치즈가 토핑되어 있다. 태국의 똠양꿍은 매콤하고 국물에 기름이 둥둥 떠 있다. 반면 다시는 말린 식물과 해산물(다시마·가쓰오부시·멸치), 표고버섯 등에서 추출한 다시의 감칠맛은 깊고 향은 약하다. 이런 다시를 사용한 요리는 식재료의 특징과 경쟁하지 않고 바탕이 되는 역할만 한다. 이런 담백한 맛의 육수가 일본인의 식생활에 자리 잡은 이유에는 일본의 기후와 풍토뿐 아니라 종교적 배경도 있을 것으로 판단한다.

예로부터 일본에서는 불교의 영향으로 육류와 닭고기의 섭취가 금지되었다. 675년 덴무 천황이 제정한 '육식금지령'부터 1871년메이지 정부의 '육식재개 선언'까지 1200년에 걸친 육식 기피의 식습관은 일식의 특징과 무관하지 않았던 것으로 보인다. 선종의 산문 앞에는 '不許葷酒入山門(불허훈주입산문)'이라는 비석이 있는데 여기에서 葷酒란 파, 마늘, 부추, 부추, 락교 등 냄새가 강한 채소와 술을 말하며, 승려의 수행에 방해가 되는 이들을 산문(사찰) 내로 반입하는 것을 금지했다. 그래서 '강한 향을 살린 요리'를 받아들이지 않는 식습관이 정착된 것으로 보인다. 마늘을 조미료로 사용하지 않는 것은 일본 요리뿐이라고 한다.

감칠맛

다시는 밥을 주식으로 하는 일본 문화와도 잘 어울린다. 일본은 우리나라처럼 깨끗한 물의 혜택을 받고 있다. 일본 대부분 지역의 물은 연수이며, 수량이 풍부하고 수질도 좋아 음료와 요리에 적합하다. 연수는 밥을 짓기에도 적당하고 육수나 차(녹차)를 우려내는 데에도 좋다. 물맛이 부드러운 연수는 식재료의 맛을 해치지 않아 일본 요리 스타일과 잘 맞다.

유럽과 미국 대부분의 물은 경수이다. 경수에는 육류를 재료의 베이스로 하여 기름기가 많고 향신료가 들어간 진한 맛의 요리 정도가 되어야 수질에 영향을 적게 받는다. 밥은 반찬의 풍미를 섬세하게 느낄 수 있는 바탕을 제공하는 역할을 한다. 밀이나 옥수수 등을 주식으로 할 때와는 다른 식재료의 궁합이 사용되는 것이다. 한국이나 일본인이 선호하는 자포니카(단립종)는 조리 시간이 짧고 잘 익고 맛이 담백하다. 전 세계적으로 널리 재배되고 있는 인디카종(장립종)은 향과 식감에 특징이 있다. 결국 자포니카 품종은 쌀의 주 품종이 아니지만 재배하기에 일본 기후에 적합하고, 담백한 맛을 선호하는 일본인의 입맛에 맞아 계속 품종 개량되어 온 것이라고 볼 수 있다.

다시는 일본 요리에서 매우 중요하지만, 종류는 생각보다 단순하고 사용법도 간단하다. 전통적인 다시는 다시마와 가쓰오부시로 만들어진다. 이 두 가지로 다양한 육수가 만들어지는 데 가장 중요한 것은 다시마와 가쓰오부시를 이용한 1번 다시다. 향과 육수의 질이 가장 중요한 맑은 탕에 사용된다. 2번 다시는 다목적의 육수를 만들기 위해서 1번 다시의 재료를 다시 한번 끓여서 사용한다.

참치, 고등어, 정어리와 같은 다른 생선들도 이러한 방식으로 사용할 수 있다. 채소 육수에 쓰이는 다른 일반적 재료는 표고버섯이다. 이는 채식 요리에 사용되며 햇볕에 건조된 상태이다. 다시에 쓰이는 또 다른 재료는 멸치, 정어리 등과 같은 여러 종류의 작은 말린 생선

다시의 분류와 특징

기본 다시	재료 : 다시마 + 가쓰오부시(가다랑어 포) 1번 다시 : 가장 정교하고 향기로운 다시. 옅은 색 2번 다시 : 1번 다시를 한 번 더 우려낸 것. 진한 맛
멸치 다시	재료 : 니보시 특징 : 약간의 쓴맛이 가미된 진한 맛의 다시
다시마 다시	재료 : 다시마 특징 : 열을 가해 우려낸 것과 상온에서 우려낸 것 2가지 타입
채소 다시	재료 : 다시마+말린 표고버섯 특징 : 가장 일반적으로 다시마와 말린 표고버섯으로 만듦

을 총칭하는 용어인 니보시다. 약간의 쓴맛을 가미한 강한 맛을 가져 일본식 된장국이나 냄비 요리 등과 같은 강한 음식에 어울린다.

5-2 다시마 Kombu

보통 사람은 눈에는 말린 다시마 조각들이 매우 비슷하게 보이겠지만 이것은 와인처럼 다양한 기준에 의해 분류되고 등급이 매겨진다. 일본 다시마의 95% 이상은 일본 북쪽에 위치한 북해도에서 나며, 이 것이 수확되는 해안 지대에 따라 몇 가지 이름이 부여된다. 수확되는 산지 조건 외에서도 잎의 모양이나 윤기의 정도가 따라 1에서 6까지 등급을 매긴다.

- **마眞 다시마:** 야마다시 다시마로도 알려진 이 품종은 밝은 갈색 쐐기 모양의 잎을 가지고 있다. 옅은 색깔과 세련되고 정교한 향을 낸다. 오사카 간사이 지방에서 사용된다. 색깔에 따라서 옅은 색은 시로구찌로 진한 색은

쿠로구찌로 불린다. 지위가 높은 사람들에게 선물하는 초승달 모양을 닮게 하려고 잎을 말려서 접는다.

- **라우수**羅臼 **다시마:** 또 다른 최상급 다시마로 넓고 얇은 잎이 특징으로 맛을 쉽게 끌어낼 수 있다. 오래된 것이 더 좋은 것으로 여겨진다.
- **리시리**利尻 **다시마:** 북해도 가장 위쪽 지역에서 수확된다. 교토의 세련된 요정 요리 고유의 최고라 불리는 투명한 맑고 정교한 다시를 만들어 낸다.
- **히다카**日高 **다시마:** 어느 해변 근처에서 자랐는지에 따라 분류된다. 다른 종류들보다 단맛이 덜하며, 가장 일반적으로 도쿄 지역과 북쪽 지역에서 유명한 스튜와 어묵에서 사용된다.

어떠한 종류의 다시마를 쓰든지 가능한 최상의 견본을 선택하는 것이 중요하며, 이때 알아야 할 것은 일반적으로 잎은 색이 밝고, 해초 냄새가 적고, 굵어야 한다. 누르스름한 빛깔, 특히 검은색 또는 성숙하지 못한 잎은 피해야 한다.

다시마는 가쓰오부시와 함께 일본 요리에 빠질 수 없는 재료이다. 다시마는 종류에 따라, 생육기간에 따라(보통 육수용 다시마로 사용되는 것은 생육 2년차 다시마를 수확하여 말린 것), 해수의 영양물질 상태 등에 따라 다르고, 잎의 끝·중앙·밑부분 등 부위에 따라 맛과 향이 다르며, 잎의 두께도 맛과 향에 영향을 준다. 다시마는 수확한 해와 해역이 다른 관계로 같은 이름의 다시마라도 아미노산 함량이 다르다, 그래도 유리 아미노산은 글루탐산, 아스파트산이 전체의 90% 가까이 차지하

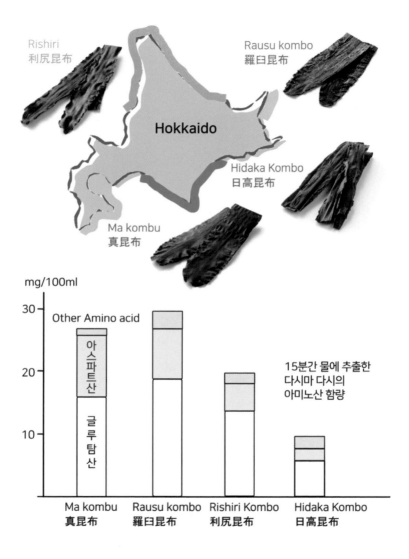

Rishiri
利尻昆布

Rausu kombo
羅臼昆布

Hokkaido

Hidaka Kombo
日高昆布

Ma kombu
真昆布

mg/100ml

30

Other Amino acid

아스파트산

20

글루탐산

10

15분간 물에 추출한
다시마 다시의
아미노산 함량

Ma kombu
真昆布

Rausu kombo
羅臼昆布

Rishiri Kombo
利尻昆布

Hidaka Kombo
日高昆布

• 일본 다시마 생산지역과 글루탐산 함량 •

감칠맛

고 있는 공통점이 있다. 다시마 육수의 맛에 관여하는 성분으로는 유리 아미노산 외에 당알코올인 만니톨, 미네랄류의 나트륨, 칼륨 등이 있다. 글루탐산은 다시마 육수의 맛에서 핵심을 이루는 성분이지만, 당연히 글루탐산만으로는 다시마의 맛을 재현할 수 없다. 글루탐산나트륨과 만니톨, 염화칼륨의 3성분이 13:21:65의 비율일 때 가장 다시마 육수다운 맛을 재현할 수 있다는 연구도 있다.

최근에는 오랫동안 이어져 내려온 전통 방식, 즉 다시마를 물에 담그고 가열한 후 끓기 직전에 다시마를 꺼내는 조리법을 바꾸어 60℃에서 1시간 동안 가열하는 조리법을 도입한 가게가 많아지고 있다. 요리사와 연구자들이 모여 다양한 조건에서 검토한 결과, 이 방법을 사용하면 감칠맛이 강하고 향기 성분 등으로 잡맛이 적은 좋은 육수를 얻을 수 있는 것으로 확인되었다. 가게에 따라 여름철과 겨울철에 사용하는 다시마의 종류를 바꾸거나, 가열하기 전에 충분히 물에 담그는 등 식당마다 독특한 방법이 있다.

일정한 환경에서 보존하면 다시마는 보존 안정성이 매우 좋은 훌륭한 식재료이다. 그렇게 보관된 다시마는 감칠맛 물질 이외의 정미 성분이나 향기 성분에 의해 복잡한 풍미가 형성될 가능성이 있다. 실제로는 창고에 보관된 다시마가 감칠맛이 강하고 잡맛이 적은 육수를 얻을 수 있다고 느끼는 요리사들도 많은데, 창고에 장기 보관하면 다시마 육수에 바람직하지 않은 냄새 성분이 감소하고 바람직한 냄새 성분이 두드러져 감칠맛을 강하게 느끼게 할 가능성이 있다.

다시마에서 우려낸 육수는 요리에 감칠맛을 더하는 훌륭한 재료이지만, 한편으로 다시마 냄새와 끈적임은 큰 적이다. 많은 요리사들이 대량으로 값싼 다시마를 사용하는 것보다 가격이 비싸더라도 소량으로 좋은 육수를 뽑아낼 수 있는 고급 다시마를 찾는다.

다시마의 향

생 다시마의 주요 향 성분은 탄소 6개와 9개의 알데히드류, 알코올류이다. (E)-2-nonenal, (E)-2-nonenol, hexanal, (E)-2-hexenol, (Z)-3-hexenol 등이 불포화지방산이 리폭시게나제에 의해 분해되면서 만들어진다. 이마노세키 등은 리시리 다시마 및 히다카 다시마 육수의 향기 성분을 비교했는데, 향기 기여도가 높은 성분 중 l-octen-3-one, trans-4,5- epoxy-(E)-2-decenal은 공통적으로 존재하며, 리시리 다시마에서는 (E)-2-hexenal, (E)-2-nonenal, (2E,6Z)-nona-2,6 -dienal 히다카 다시마에서는 (2E,6Z)-nona-2,6 -dienal, (2E,4E)-nona-2,4-dienal, (2E,4E)-deca -2,4-dienal이 높았다. 이런 차이로 리시리 다시마는 그린 노트가 강하고 히다카 다시마는 지방 또는 골판지와 같은 냄새가 강한 편이다. trans-4,5-epoxy-(E)-2-decenal을 제외한 화합물로 냄새 재구성액을 만들어 trans-4,5-epoxy- (E)-2-decenal을 첨가했

　　　　　　　　　　　　　　　　　　　　　　　감칠맛

을 때의 풍미를 관능적으로 평가한 결과, 첨가 후 전체가 다시마 특유의 냄새가 나기 때문에 이 화합물이 다시마 육수를 특징짓는 중요한 화합물이라는 결론을 내렸다.

다시마로 다시를 만드는 데 걸리는 시간을 짧지만 다시마가 제품으로 만들어지기까지는 많은 시간이 필요하다. 다시마는 일본 북부 북해도의 차가운 물에서 잘 자라고, 보통 5~8m 깊이에서 서식하며 수확에 필요한 성숙도에 도달하는 2년 정도가 걸린다. 이 정도가 되면 잎은 모두 6m 정도의 길이가 된다. 수확은 매년 다르게 결정되지만 보통 매년 7월 10일에서 20일 사이에 시작되며 9월 10일 정도까지의 것을 최상급으로 여긴다. 배를 타고 가서 해저 바닥으로부터 다시마를 분리하기 위해 고리가 달린 긴 나무 막대기를 이용한다. 다시마가 육지로 나오자마자 건조를 위해 바위 위에 늘어놓는다. 햇볕이 좋은 날에 이 과정은 4~5시간 안에 완성된다. 마른 다시마는 실내로 들여와 각 잎의 모양이 맞춰진 후 내보낸다. 몇몇 다시마는 쿠라가코이(지하 저장고 보존)라고 알려진 숙성 과정을 더 거친다. 이 과정은 다시마의 맛을 향상시키며 해초 특유의 냄새를 없앤다.

다시마가 바다에서 자연적으로 자라지만 양식도 가능하다. 이 경우

포자가 그물에 붙어 물속에 들어간다. 때때로 액체 비료를 써서 숙성 기간을 1년으로 줄이기도 하지만, 이들은 종종 자연산과 같이 수확될 때까지 2년 정도 자라게 둔다. 비록 배양된 것이 약간 더 짙은 잎을 가질 수도 있지만, 사실상 구분하기 어렵다고 한다. 햇볕 건조법과 마찬가지로 오늘날 몇몇 다시마는 열풍을 이용해 기계로 말린다. 햇볕 건조는 다시마 잎에 만니톨이라고 알려진 하얀 물질이 표면에 달라붙게 하는 일정량의 수분을 남긴다. 이는 바다의 소금과 다시마의 맛을 증가시키는 자연 우마미 물질의 혼합으로 만들어진 것이다. 열풍으로 건조하면 이 하얀 물질은 생기지 않는다. 열풍 건조된 다시마가 더 짙은 색깔로 매력적으로 보일지라도 이 맛을 빠트릴 우려가 있다.

다시마를 구매하면 사용할 전까지 최상의 상태를 유지해야 한다. 밀폐용기에 담아 물기를 피하는 것이다. 하지만 건조제를 사용하거나 냉동하게 되면 향을 잃을 수 있다.

숙성(쿠라가코이) 다시마

숙성된 와인과 같이 지하 창고 저장된 다시마는 풍부하고 섬세한 맛과 향을 제공한다. 건조된 다시마가 온도와 습도가 잘 통제되는 저장소에서 일 년에서 몇 년까지 (어떤 경우엔 10년까지도) '누워있는' 상태로 있어서 쿠라가코이라는 이름이 붙었다. 다시마에 특유한 해조류 냄새가 없어지고 감칠맛의 급이 높아진다. 이 기술은 수백 년 동안 존재해 왔으며 필요에 따라 발명된 것이다.

홋카이도를 여행하다 보면 대부분 지역에서 다시마 어업을 볼 수 있다. 에도 시대에 개간 사업을 추진했지만 추운 홋카이도에서는 당시 쌀 수확을 기대할 수 없었다. 대신 홋카이도를 둘러싼 풍부한 어장이 재원이 되었다. 홋카이도에서 수확되는 어업 수산물은 모두 장기 보존이 가능한 건어물로 만들어 교토를 중심으로 주로 간사이로 수송되었다. 당시로서는 가장 빠른 운송 수단인 해상운송도 장시간이 걸려서 바다가 잠잠한 동해 쪽의 루트를 선택되었다. 에도 중기의 전성기에는 약 150ton의 수송 능력이 있는 대형 목조선이 활약하여 홋카이도의 건어물, 특히 다시마의 유통이 활발해졌다. 홋카이도로 향할 때는 쌀·차 등 식량, 의류 등 생활물자를 싣고 돌아올 때는 홋카이도에서 수확한 다시마, 청어 등을 실어 나른다.

그러다 쓰루가에서는 "쿠라카코이콘부(蔵囲昆布, 창고 다시마)"라는 독특한 보존 방법이 탄생했다. 에도시대에는 한여름에 수확한 다시마를 손질하는 작업은 초가을까지 계속되었고, 쓰루가 항구로 운반될 즈음에는 겨울이 되어 그곳에서 겨울을 나게 되었다. 창고에 보관하면 이듬해 벚꽃이 필 무렵에 창고를 열면 형언할 수 없는 좋은 향기가 난다고 한다. 시간에 따라 맛과 향이 변하는 것이다.

모든 종류의 다시마가 이런 숙성 과정을 진행하기에 적합하지는 않다. 북해도 최북단의 리시리 다시마만을 사용한다. 각 다시마 조각이 수확된 지역뿐만 아니라 연도, 기후 조건, 해류 등에 따라 다르므로, 과정은 빈티지(특정한 연도) 및 떼루아(와인 생산지와 자연 환경)가 둘 다 중요하기에 좋은 와인의 숙성 과정과 유사하다. 숙성 과정의 결과로 다시마의 잎은 해조류 맛과 향은 모두 사라지고, 맛있는 다시를 내는 순수한 우마미만 남는다.

5-3 가쓰오부시(가다랑어 부시)

부시는 완전히 딱딱하게 마른 덩어리를 만들기 위한 방법으로 만들어진 생선포를 부르는 일본어다. 생선은 끓이고 살을 발라낸 후 훈제한다. 때로 맛을 더 깊게 하기 위해 곰팡이를 주입하고 햇볕 건조를 하기도 한다. 완성된 부시는 얇게 깎아 여러 음식에 첨가한다. 여러 부시 중에서 가쓰오(가다랑어)로 만든 것을 최고로 친다. 고품질 가쓰오부시(鰹節, かつおぶし)는 수분이 적어 보존성이 우수할 뿐만 아니라, 정미 성분도 더 농축되어 고품질의 다시를 만들 수 있다.

원료육의 신선도가 맛에 영향이 많은데 현대에 들어 가다랑어 어선에 냉동선이 도입되어 품질이 좋아졌다. 부시를 만드는 데 가장 좋은 종류는 지방 함유량이 적은 것이다. 생선을 건조하거나 발효한다고 지방은 제거되지 않고, 지방은 건조 후에도 생선을 단단하지 않게 만든다. 생선이 단단하지 않으면 제대로 깎아내기 힘들고, 깨끗하지 못한 다시를 만들어 낼 우려가 있다. 냄새도 좋지 않다. 하지만 지방이 너무 적으면 맛이 부족해진다. 또 붉은 살에 따라 맛이 달라진다. 붉은 살이 특색 있고 강한 냄새의 다시를 만들어 내지만, 다시에서 쓴맛과 비린내를 동반할 수 있다. 제거하게 되면 섬세하고 깨끗한 육수의 맛이 나온다.

부시의 감칠맛을 좌우하는 성분은 에너지원인 ATP가 분해된 핵산으로 새우, 게, 조개류, 오징어, 문어에서는 주로 AMP, 어류에서는 IMP가 축적된다. 부시의 향도 매우 복잡하다. 훈연 중에 guaiacol, 4-methylguaiacol, o-cresol 등의 페놀류가 가쓰오부시에 축적되고 피라진류 등이 생성되어 가쓰오부시의 기본이 되는 향이 마련되지만, 이들은 다른 식품에서도 발견된다. 나무 느낌의 (4Z,7Z)-trideca-4,7-dienal(TDD)은 가쓰오부시에서 처음 발견된 화합물이다. 수용액의 역치도 들숨일 때는 14ppt, 날숨일 때는 0.1ppt로 매우 낮다. 가쓰오부시 육수에 포함된 아미노산, 핵산, 염분 등의 재구성액을 만들어 이 물질을 첨가하면 가쓰오부시의 육수다운 맛을 느낄 수 있다고 한다.

가쓰오부시가 만들어지는 과정은 가다랑어가 잡히는 남태평양에서 시작된다. 최상의 신선함을 위해 가다랑어는 잡힌 즉시 냉동 보관된다. 육지에 도착하면 가다랑어를 해동한 후 살을 바른다. 이것을 나마기리(生切り, 身割り)라고 하는데 생선을 어떻게 자르느냐에 따라 완성된 가다랑어 모양에 달라지므로 주의 깊게 진행된다.

이후 생선은 선반에 놓고 1~2시간 동안 90℃ 정도의 물에서 삶는다. 이 과정을 통해 생선 단백질을 변성시켜 살을 단단하게 만든다. 만약 너무 오랫동안 익히면 생선이 너무 약해지고, 너무 짧으면 건조 과정이 방해되어 원치 않는 비린 냄새가 날 수 있다. 그리고 비늘, 껍질, 뼈를 제거한다. 껍질 일부는 살덩어리의 분해를 막기 위해 남겨진다.

그리고 특유의 향을 주는 오크나무를 이용해 훈제한다. 훈제를 마치면 생선 덩어리의 수분을 전체적으로 골고루 퍼뜨리기 위해 식힌다. 이 과정은 덩어리가 건조되고 타르와 같은 물질로 덮일 때까지 10일 이상 매일 반복된다. 여기에서 멈추면 '아라부시(荒節, あらぶし)'라고 한다.

제품에 따라 곰팡이를 추가하여 발효와 건조를 반복하여 맛과 향을 더욱 증진시킬 수 있다. 이 과정은 카레부시라고 알려진 완벽히 단단하고 건조된 덩어리를 만들기 위해 세 번까지 반복된다. 만약 과정이

4번 이상 반복되면 혼카레부시(本枯れ節)라고 알려진 최상 품질의 덩어리가 만들어진다. 하지만 이 과정에서 벤조피렌이 만들어지기 쉬운데 가끔은 EU 기준을 초과한 제품도 발견된다. 가쓰오부시에서 감칠맛의 주성분인 이노신산은 발효로 대량 만들어진 제품으로 대체 가능하다. 하지만 그 향은 대체하기 힘들다. 그러니 벤조피렌이 생성될 수 있는 훈연 공정을 포기하기 힘든 것이다.

가다랑어 생육의 수분 함량은 약 75%이지만, 조열육 70%, 생절편 63.4%, 황절편 35%, 곰팡이 처리 과정(4번 곰팡이) 20%, 가쓰오부시(본가쓰오부시) 15%로 제조 공정이 진행됨에 따라 수분 함량은 감소한다. 특히 황절편에서 곰팡이 처리 과정 중에 감소량이 커져 가쓰오부시의 저장성을 높이는 데 도움이 되고 있다.

가쓰오부시의 분류(단계)

가쓰오부시는 발효를 돕기 위해 곰팡이를 넣었는지에 따라 아라부시 또는 카레부시로 나눠진다.

- **아라부시(미발효 荒節)**: 가쓰오부시를 만드는 첫 단계 공정은 끓여서 뼈를 발라낸 생선 조각을 건조하고 훈제하는 것이다. 이 단계의 부시 덩어리들은 아라부시로 알려져 있다. 시장에서 찾을 수 있는 가장 대중적인 종류

감칠맛

이며 다용도로 쓰인다. 이는 카레부시보다 더 깨끗하고 가벼운 우마미를 낸다.

| 냉동 보관 | 해동 | 절단 |

| 다듬기
뼈, 비늘, 껍질 | 삶기 | 포 뜨기 |

| 훈연 | 표면 연마 | 곰팡이 접종 |

研摩 けんま

裸節 はだかぶし

荒節 あらぶし

建조

枯節 かれぶし

https://www.yamaki.co.jp/katsuobushi

• 가쓰오부시 제조 과정 •

- **카레부시(발효 枯節)** : 아라부시를 햇볕에서 더 건조하고 발효를 돕는 유익한 곰팡이 균을 추가하면 카레부시가 된다. 이 과정은 생선의 단백질을 아미노산으로 분해되어 우마미가 증폭된다. 이 건조와 곰팡이 추가 과정은 굉장히 단단한 덩어리를 만들기 위해 세 번까지 반복된다. 이 단계에서 수분을 잃게 되면서 원래 무게의 1/6 정도가 된다. 맛과 향이 넘치는 고급 제품이 된다. 아라부시보다 비싸기는 해도 훨씬 강한 우마미를 가진 다시를 만드는 데 적합하다. 특히 일본 정식에 쓰인다.

- **혼카레부시(本枯節)** : 가장 훌륭한 가쓰오부시, 이것은 위에서 언급된 건조와 곰팡이 추가 과정이 보통처럼 세 번 반복되는 게 아니라 네 번 이상 반복되어 상상할 수 있는 가장 풍부한 맛의 정제된 다시를 만들 수 있다.

니보시 (煮干, 말린 작은 생선)

니보시는 삶은 후 말려진 몇몇 종류의 작은 생선을 말한다. 다른 부시에 비교했을 때 니보시는 단연 비린 특징을 가진 육수를 만든다. 소금물에 끓이는 것뿐만 아니라 찌거나 굽거나 훈제된 생선으로도 만들 수 있으며, 사용된 방법에 따라 만들어지는 육수의 특징이 달라진다. 구운 니보시가 대부분의 일반 끓인 종류보다 더 강한 우마미를 가지고 있는 반면, 만드는 데에는 더 많은 노력이 필요하다. 니보시를 만

감칠맛

드는 데 주로 기름이 많은 생선을 쓰지만 감성돔과 편평어와 같은 미성숙한 흰살 생선 종류도 쓰인다. 멸치, 정어리, 눈퉁멸, 날치, 전갱이, 감성돔이 사용된다.

멸치는 니보시에 가장 일반적으로 사용되는 생선이며 구운 보시를 만들 때에도 사용된다.

정어리는 가장 일반적인 니보시 재료인 멸치보다 약간 더 크고 더 납작하다. 이것으로 만든 육수는 풍부한 맛이며 소바나 우동 위에 붓는 데 적합하다.

눈퉁멸로 만든 니보시는 최상의 니보시 다시를 만들어 낸다. 멸치보다 살짝 더 큰 머리와 더 큰 퉁망울 눈의 모양에 의해 구별된다.

날치는 적은 지방 함유량과 풍부한 아미노산 덕분에 면과 맑은 탕 요리를 포함한 다양한 요리의 섬세한 맛의 다시를 만드는 데 쓰인다.

전갱이는 단맛이 어느 정도 요구되는 다시에 사용될 수 있다. 최고의 표본은 아가미에 약간의 노란색을 띠는 것이다. 어획에 좋은 지역으로 알려진 곳은 도쿄 동쪽의 치바현이다.

감성돔은 흰 살 생선으로 굉장히 섬세하고 우수한 맛을 낸다. 감성돔으로 만든 니보시는 사실 가쓰오부시보다 더 풍부한 우마미를 가지고 있다. 비록 굉장히 드물긴 하지만 충분한 가치가 있다.

니보시는 종류가 다양한 만큼 주요 생산지가 없고, 다양한 곳에서 만든다. 바닷물 농도의 소금물에 짧은 시간 동안 끓여서 변질을 막는다. 생선은 건조되기 전에 끓이는 대신 구울 수도 있으며, 맛은 더 풍부해진다. 다음 단계는 수분 함량이 15~18%가 될 때까지 건조하는 것이다.

니보시 제품의 한 가지 위험은 생선살의 산성화가 육수의 맛에 부정적 영향을 미치는 것이다. 주의가 필요하고 이를 방지하기 위해 산도 조절제가 가끔 쓰이기도 한다. 이것도 아무 소용없을 때가 있다.

태양 건조도 항상 최선은 아니다. 4월에서 9월까지는 태양광이 너무 강해 나쁜 결과를 가져올 수 있다. 니보시가 신선함을 잃어 가며 원치 않는 냄새와 쓴맛을 가져올 수 있다. 보관에 가장 좋은 방법은 냉동이고 가능한 빨리 사용하는 것이 좋다. 만약 생선이 산성화의 결과로 노르스름한 색을 띠기 시작하면 가장 좋은 해결책은 니보시를 살짝 굽는 것이다.

다시 국물 끓이기

국물 만들기는 생각보다 간단하고 시간도 적게 걸린다. 물에 넣고

감칠맛

적당히 가열하여 우려내는 것이다. 가쓰오부시 육수를 내는 방법에는 열을 가하는 방법과 가하지 않는 방법이 있다. 끓는 물을 사용하면 가쓰오부시는 얇게 썰어 사용하기 때문에 주요 감칠맛 성분인 이노신산과 유리 아미노산은 1분 이내에 추출되며, 5분 이상 끓인다고 더 추출되지 않는다. 긴 시간 가열하면 향의 손실만 더 발생할 뿐이다. 다시 다에서 육수를 뽑는 것이 이보다는 조금 복잡하다. 그래도 핵심은 육수 재료에서 바람직한 맛과 향만을 추출하고, 원치 않는 맛과 향의 추출을 최소화하는 것이다.

- **약하게 씻기** : 오늘날 대부분의 다시마는 그대로 써도 될 만큼 깨끗하지만, 필요에 따라 씻는다. 씻을 때는 맛 물질의 손실을 피하기 위해 너무 강하게 씻지는 말아야 한다. 갓 딴 다시마의 나트륨 함량은 그렇게 높지 않지만, 이게 건조되어 수분 함량이 7~10%까지 줄어들면 해조류가 가지고 있는 높은 비율의 소금과 만니톨(당 알코올)이 표면에 나타난다. 다시마 표면을 심하게 씻는 것은 이러한 물질의 상당한 손실이 생긴다.

- **적절하게 담그는 시간** : 다시마를 물에 오래 담가두게 되면 우마미를 주는 글루탐산이 추출되지만 다시마 특유의 끈적이는 질감을 주는 알긴산 같은 다당류와 원치 않는 물질도 배어 나온다. 다시의 표면에 거품이 생기고 색도 영향을 받을 수 있다. 다시마를 구성하는 대부분 색소는 베타카로틴과 엽록소이지만, 원치 않는 색이나 냄새도 추출될 수 있다. 그러니

너무 오랫동안 담가두지 않아야 한다.

- **적절한 온도** : 다시마는 물에 작은 기포가 올라오기 시작할 때 가열을 멈춰야 한다. 이 단계에서 물의 온도는 60~65°C이다. 만약 이보다 높은 열을 가하게 되면 다시마에 있는 원치 않는 물질도 녹아 나오기 시작한다. 특히 다시마에 끈적끈적한 질감을 주는 다당류, 그 특유의 냄새를 가진 알데히드 그리고 황산염, 미네랄, 특히 다시의 표면에 거품이 되는 요오드, 이 모두 다시마가 과도하게 열이 가해지면 나올 경향이 있다. 60~70°C는 가다랑어 포를 넣기에도 좋은 온도이다.

- **우려내기** : 다시가 끓으면 우마미 함량은 증가한다. 만약 20g의 가다랑어 포를 끓는 물에 넣으면 다시는 130mg의 아미노산이 나오고, 만약 30분간 불린 뒤 끓이면 145mg을 얻을 수 있다.

- **한 번 더 우리기** : 1번 다시를 만드는 데 사용한 재료를 한 번 더 우려내 2번 다시를 만드는 것은 재료 속에 아미노산이 여전히 다량 남아있기 때문이다. 보통 15% 정도가 우려 나오므로 한 번 더 추출해도 감칠맛이 풍부한 것이다.

- **거품 걷어내기** : 다시 위에 올라오는 거품은 생선 살의 보존 과정에서 나오는 산화된 지질이 포함되므로 제거해야 한다. 산화된 지질은 약간 쓴맛이 있어서 남겨두면 다시에 좋지 않은 떫은 맛을 줄 수 있다. 이런 산화를

감칠맛

줄이기 위해 가다랑어 포장에 이산화탄소 또는 질소가 충전된다.

- **짜기** : 다시를 짜게 되면서 우마미가 다시에 우러나는 것을 돕는다. 하지만 지나치게 짜면 지나치게 열을 가했을 경우와 마찬가지로 나쁜 맛이 증가할 수 있다.

6장

채소, 버섯, 그리고
기타 감칠맛 재료

채소의 감칠맛

토마토 : 채소 중에 높은 감칠맛

토마토는 요리에서 아주 흔하게 사용된다. 우스터소스도 케첩도 토마토의 감칠맛에 도움을 받는다. 그런데 서양인들이 토마토를 처음부터 환영한 것은 아니다. 1820년 9월 26일 미국 뉴저지 주 셀럼 재판소 앞에 2,000명의 군중이 운집했다. 어느 용감한 육군 대령이 모두가 보는 앞에서 '독초'인 토마토를 먹겠다고 예고했기 때문이다. 이에 대해 그 마을의 의사였던 미터 박사는 "토마토는 유독하다. 대령은 금세 열이 나서 죽고 말 것이다."라고 단언했다. 운집한 사람들은 누구나 존슨 대령이 토마토를 베어 무는 순간 그 자리에서 거품을 물고 혼절하기를 내심 기대했다. 예고된 시간이 임박해오자 존슨 대령은 천천히 일어섰다. "여러분, 똑똑히 지켜봐 주시오." 모두가 마른침을 삼키며 지켜보는 가운데 존슨 대령이 토마토를 덥석 베어 문 순간, 관중들 사이에서 비명을 지르며 실신하는 여성이 발생했다. 그리고 그 비명은 이내 우렁찬 탄성으로 바뀌었다. 물론 존슨 대령에게는 아무 일도 일어나지 않았다. 무슨 일이 생기기는커녕 존슨 대령은 맛있다는 듯 토마토를 냘름 먹어 치웠다.

500년 전 처음 유럽에 소개될 때는 맨드레이크와 모양새와 효능이 비슷한 것으로 낙인찍혀 '독초' 취급받았다. 200년 뒤에야 먹기 시작했지만, 유럽 사람들이 먹을거리로서의 토마토에 대한 의심과 불안함의 눈초리를 완전히 거두어들인 건 아니었다. 식재료로서의 토마토는 삶거나 익혀진 다음에야 먹을거리로 인정받는 수모를 또 받아야 했

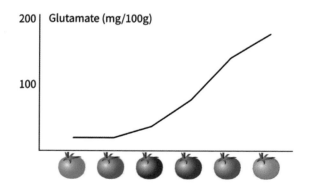

• 토마토가 익어감에 따른 유리 글루탐산 함량의 변화 •

감칠맛

다. 토마토는 과일치곤 당도가 매우 낮다. 전체 무게에서 당분이 차지하는 비중이 3%에 지나지 않는다. 양배추와 비슷한 수준이다.

반면 일반적인 과일에는 별로 없는 글루탐산이 잘 익은 토마토의 경우 전체 중량의 0.3%나 되고, 이것이 절반 이상이 유리 아미노산 상태이다. 고기는 보통 글루탐산은 대부분 단백질 상태로 있고 맛으로 느낄 수 있는 아미노산 상태로는 1%가 되지 않는데, 채소는 10% 가까이 아미노산 상태로 존재한다. 토마토의 숙성이 진행되면 감칠맛이 눈에 띄게 강해지는데, 이는 글루탐산이 약 10배까지 증가하기 때문이다.

마늘

마늘에는 Allin, γ-glutamyl-S-allyl-L-cysteine sulfoxide, Glutathion 같은 황화합물이 많다. 그리도 이들은 다양한 향기 물질로 변신한다. 마늘뿐 아니라 양파, 대파, 버섯 등에도 황화합물이 많은데 이것은 고기 향을 주도하는 황화합물과도 잘 어울려 고기의 풍미와 감칠맛을 높이는 역할을 한다.

• 마늘은 향도 강하고 오래간다. 그만큼 기억도 오래가며 마늘 냄새만 맡아도 곧장 요리에 대한 기대를 갖게 한다.

- 마늘에는 메틸퍼릴디설파이드가 있는데, 이것은 혀의 감칠맛 수용체를 자극한다. 음식 중에 MSG가 있다면 감칠맛은 더욱 증가한다.

양파

양파는 날로 먹으면 자극성이 강하지만 볶거나 익히면 단맛이 강하게 난다. 서양에서는 양파를 동양의 멸치와 가쓰오부시처럼 감칠맛을 내는 재료로 자주 사용한다. 양파를 은근한 불에서 진한 갈색이 날 때까지 장시간 볶으면 달짝지근하면서 깊은 감칠맛을 느낄 수 있다. 양파의 성분 중에서 특유의 매운맛을 주는 아릴디설파이드가 있는데 가열하면 일부는 날아가고 남은 것이 프로필머캅탄이 되는데 이것이 설탕의 단맛을 크게 상승시킨다. 조리 후에 양파가 단맛을 내는 것은 이 때문이다. 단맛이 높아지면 다른 맛도 상승하고 향도 좋게 느껴진다.

대파: 크게 초록 부분, 흰 부분 그리고 뿌리로 나눈다

- 초록 부분 : 대파의 초록 부분은 질긴 식감을 가지고 있고, 단맛과 감칠맛이 좋다. 그래서 튀김이나 부침, 무침 요리에 사용하곤

감칠맛

한다. 파무침도 이 초록 부분을 이용해서 만든다.

- 흰 부분 : 대파의 흰 부분은 아삭한 식감을 가지고 있고, 파향이 풍부하고 단맛이 난다. 흰 부분은 자세히 보면 연둣빛이 나는 부분과 완전히 흰색인 부분으로 나뉘는데, 연둣빛이 나는 부분은 양념장을 만들 때 쓰면 좋다. 흰 부분은 주로 육수를 만들 때 많이 사용하고 각종 반찬을 만들 때 넣기도 한다. 육수로 사용할 때는 적당한 크기로 잘라서 넣어주면 국물의 맛이 더 깊어진다.

- 뿌리 부분 : 동치미에 대파 뿌리를 넣어주면 좋다는데 대파 뿌리에서는 감칠맛, 쓴맛을 느낄 수 있다. 그래서 동치미에 넣으면 특유의 감칠맛을 높일 수 있다.

버섯 : 말린 표고버섯(시타케)

표고버섯은 온대지방의 참나무 등에 기생하며, 예로부터 송이, 느타리버섯과 함께 식용으로 널리 이용되었다. 표고버섯을 보통 화고, 동고 또는 동고, 향신으로 분류하고 있는데, 이는 표고버섯 종류가 아니고 품질 등급이다. 수확되는 시기(온도의 영향)와 버섯의 모양에 따라 등급을 구별한다.

표고버섯은 형태와 색이 중요하다. 화고(花菇)는 모양이 꽃송이 같다고 해서 붙여진 이름이다. 이를 다시 버섯갓의 균열이 깊고 흰색이 강한 것을 백화고, 약간 어둡게 보이는 버섯을 흑화고라고 분류한다. 동고(冬菇)는 겨울철(冬)에 따는 버섯이란 뜻인데 요즘은 1년 내내 수확하므로 이름의 의미가 없어졌다. 동고를 버섯갓의 퍼짐이 동고, 약

감칠맛

간 퍼지면 향고, 많이 퍼지면 향신이라고 한다. 봄에 수확한 표고버섯
은 겨울철을 지내면서 천천히 자랐기 때문에 식감이 쫄깃하고 향이
짙다.

표고버섯은 생표고보다 건조한 것이 가치가 높다. 말리는 과정에서
5-구아닐산과 글루탐산이 증가하고 레티오닌이라는 향기 성분이 생
성되기 때문이다. 그리고 버섯은 식물이 아니라 균류라 식물에 없는
비타민D 전구체가 풍부하게 들어 있다. 햇빛에 건조하면 자외선에 의
해 비타민D의 형태로 전환된다. 또한 건조한 것이 보관도 편리하고,
변질의 위험도 적고, 물에 불려 복원한 품질도 우수하므로 상품성이

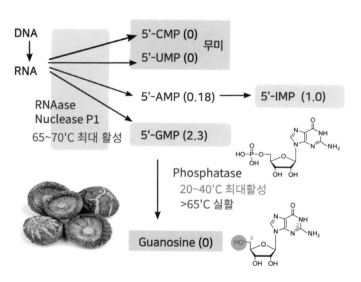

• 표고버섯의 감칠맛 성분 생성조건 •

좋다.

 말린 표고버섯을 추출한 물은 육수용으로, 그리고 수분을 빨아들여 통통해진 표고버섯 자체는 식재료로 사용되기 때문에 다루는 과정이 중요하다. 말린 표고버섯을 20배의 물에 담그면 처음에는 급속히 수분을 흡수하고 담근 지 5시간이 지나면 완만하게 흡수하여 평형에 가까워진다. 표고버섯의 수분 흡수량은 온도를 높이면 표고버섯의 조직이 열변성되어 수분보유력이 떨어지며 특히 60℃에서 뚜렷하게 감소한다. 저온에서 충분히 수분을 흡수시킨 것이 좋다.

 건조 표고버섯의 특징적인 감칠맛 물질이 구아닐산이다. 표고버섯은 말리면 감칠맛 물질인 구아닐산이 증가한다고 생각하지만, 말린

• 렌틴산에서 표고의 향기 성분 생성경로 •

표고버섯 자체에는 구아닐산이 포함되어 있지 않으며, 육수에도 거의 용출되지 않는다. 버섯류 등 균류에는 RNA(리보핵산)가 많이 포함되어 있으며, 표고버섯은 40~60℃에서 1시간, 혹은 2시간마다 1~2℃씩 온도를 높여 5~10시간 건조하는 과정에 세포막이 깨어진다. 이 과정에서 RNA 분해효소가 활성화된다. 표고버섯에는 RNA 사슬을 분해하는 효소인 리보뉴클레이스와 인산기를 떼어내는 포스포모노에스터레이스 두 가지 효소가 포함되어 있다. 리보뉴클레이스가 작용하면 표고버섯에 포함된 RNA가 분해되어 구아닐산이 생성되지만, 포스포모노에스터레이스가 작용하면 구아닐산에서 인산이 떨어져나가 구아노신이 되기 때문에 감칠맛이 없어진다. RNA 분해효소는 65~70℃의 비교적 높은 온도에서 최대 활성을 나타내며, 인산 분해효소는 20~40℃에서 최대 활성을 나타낸다. 따라서 이 온도를 피해 빨리 65~70℃로 올려야 한다. 감칠맛 물질인 글루탐산은 가열 조리로 분해되지 않는다.

결국 표고버섯에서 육수를 뽑을 때는 25℃ 이하에서 5시간 정도 담그는 것이 좋으며, 이후 65℃에서 20분, 끓는 물이라면 3분 정도 가열하면 육수 내 구아닐산을 추출하는 것이 효율적이다. 물에 담그는 동안 육수에 유리 아미노산이 증가하여 구아닐산과 글루탐산의 시너지 효과로 감칠맛이 증강되는데, 담그는 시간이 15~25시간 정도로 길어지면 쓴맛이 있는 아미노산인 페닐알라닌, 류신, 이소류신, 발린, 메티오닌 등이 용출된다.

6-3 기타 감칠맛 재료

- **석신산(琥珀酸, 호박산 Succinic acid):** 청주 및 그 외의 발효 생성물, 조개류 등에 들어 있는 감칠맛 성분으로서 유기산의 일종이다. 이 물질의 정미성이 밝혀진 것은 1912년 동경대 농학부의 다카하시 정조(高橋偵造)교수에 의해서이다. 석신산은 조개의 맛을 가지고 있어서 특히 해물 요리와 중화요리와 잘 어울린다. 첨가량이 적정량을 넘으면 특유의 묘한 떫은맛이 느껴져 다른 맛과의 조화를 해칠 수 있어 주의가 필요하다.

- **테아닌(theanine):** 테아닌은 차의 유리 아미노산의 약 40%를 차지하며 차의 맛에 중요한 성분이다. 첫맛은 단맛, 뒷맛은 감칠맛을

감칠맛

나타낸다.

- **조개** : 조개류의 감칠맛 성분은 글루탐산, 이노신산과 호박산이다. 호박산은 조개류의 고유한 감칠맛을 내고 약간의 떫은맛도 있다. 조개 자체를 먹기 위해서는 이들 성분이 빠져나오지 않도록 굽는 방법으로 요리하고, 조개의 맛을 우려내 즐기려면 국물 요리가 좋다. 조개를 찬물에 넣고 가열하면 조개 내부에서 서서히 감칠맛이 우러나와 더욱 풍부한 느낌이 난다. 진한 국물을 즐기려면 찬물로 조리를 시작하는 것이 좋은 방법이다. 조개를 뜨거운 물에 넣고 가열하면 조개 표면의 단백질이 먼저 응고되어 내부의 감칠맛이 우러나오는 데 시간이 걸린다. 조개 자체의 식감과 맛을 즐기려면 뜨거운 물에 넣고 조리하는 것이 방법이다.

- **새우** : 새우의 감칠맛 성분은 좀 독특하게 아데닐산이다. 새우에는 생선에 많은 이노신산이 별로 없어서 다른 느낌을 준다. 글루탐산이 많은 다시마, 채소류와 같이 요리하면 맛의 상승작용이 있고 좋은 맛을 얻을 수 있다

- **미린(맛 술)** : 미린은 찹쌀을 이용하여 만든 단맛의 요리용 술이다. 감칠맛이 풍부하여 일본 요리에서 큰 역할은 한다. 쌀은 찐 뒤 일본 증류주인 일본 소주와 함께 섞는다. 그리고 누룩곰팡이를 주

입하여 2달간 발효한다. 곰팡이는 쌀의 전분을 포도당으로 분해하고 단백질을 아미노산으로 분해한다. 그 결과 40~50% 당도와 14%의 알코올 함유량의 끈적끈적한 액체가 된다. 이것은 요리에 단맛을 주고, 감칠맛을 부여하여 요리 안에서 다른 재료들의 맛도 끌어낸다.

지금까지 발견된 감칠맛의 성분은 40가지가 넘는다. 단맛수용체는 1가지이지만 수많은 감미료가 있고 감미료마다 조금씩 그 느낌이 다르듯이 감칠맛 성분도 생각보다 다양하고, 그것들이 혼합되면 더욱 깊고 다양한 풍미를 부여한다.

• 감칠맛을 내는 대표적 성분들 •

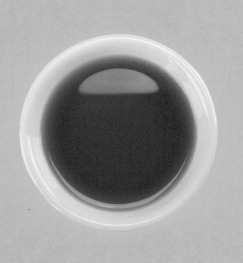

Part 3.

국물과 고기 이야기

1장

고기와 감칠맛

우리나라는 국물의 나라

  우리나라는 유난히 찌개와 탕 같은 국물 요리가 많고, 날씨가 추워질수록 따뜻한 국물과 함께 먹는 음식이 더 큰 인기를 끈다. 서양 음식은 처음 수프를 먹을 순간 정도에만 스푼을 사용하고 본격적인 식사에는 주로 포크와 나이프를 사용한다. 국물이 없는 요리가 주류인 까닭이다.

  우리나라는 젓가락과 숟가락이 기본이다. 우리와 이웃한 일본과 중국도 숟가락을 쓰지만, 젓가락이 기본이지 우리처럼 숟가락이 필수적인 문화는 아니다. 일본은 밥을 먹을 때뿐 아니라, 국을 먹을 때도 국그릇을 들고 젓가락을 사용해서 먹는다. 중국도 숟가락이 있지만 우리나라의 숟가락과 모양이 다르다. 숟가락 바닥이 깊어서 밥을 먹을 때면 숟가락 귀퉁이에 밥알이 남게 된다. 탕의 국물을 먹기 위한 도구이지 우리처럼 밥을 먹기 위한 도구는 아니다.

우리는 밥과 국을 숟가락으로 먹고 반찬을 젓가락으로 먹는다. 그리고 전 세계 인구의 30%가 젓가락을 사용하는데, 한국만 유난히 쇠젓가락의 사용이 많다고 한다. 그 이유를 설명하는 이론 중 하나가 한국은 끼니마다 양념이 밴 국물 요리를 많이 먹기 때문에 젓가락을 위생적으로 관리하기에는 쇠로 된 것이 유리하다는 것이다. 우리가 상을 차릴 때 수저는 기본이지만 중국은 젓가락만 놓아도 되고 숟가락은 필요에 따라 추가한다. 이것만 보아도 우리가 얼마나 국물 요리를 좋아하는지 짐작할 수 있다. 과거에는 자식을 도회지로 떠나보낼 때 안타까워하던 대표적인 표현이 '따뜻한 밥에 국 한 그릇 먹이지 못하고 보냈다'라는 것이다.

식당에서 설렁탕을 주문하면 금방 나온다. 하지만 설렁탕의 핵심을 이루는 육수는 오랜 시간 끓여서 준비된 것이다. 오래 끓여야 동물의 단백질 중에 가장 흔한 콜라겐 등 육수의 성분을 충분히 추출할 수 있기 때문이다. 우리 몸에 단백질은 10만 종이 넘는데, 그중에 콜라겐이 23~35%를 차지하는 압도적으로 많은 양을 차지한다. 우리 몸의 피부, 뼈, 연골, 혈관 벽, 힘줄 등 고정된 길이의 단단함은 모두 이 콜라겐 덕분이다.

근육은 액틴과 미오신이라는 단백질로 되어있고 이들도 상당히 단단하지만, 콜라겐은 이보다 1백 배나 단단한 조직을 만들 수도 있다.

감칠맛

고기의 탄력에는 근육과 콜라겐이 중요한데 적은 힘을 가하고 가벼운 움직임만 하는 작은 근육들은 약한 콜라겐과 얇은 근섬유들을 가지고 있어서 고기가 연하다. 강력한 힘을 가지고 극심한 운동을 담당하는 큰 근육은 강한 콜라겐과 두꺼운 근섬유를 가져서 고기가 질기다. 그러니 그것을 잘 요리하지 않으면 맛으로 느낄 수 없고 소화 흡수도 불가능하다.

콜라겐은 가열하면 부드러운 젤라틴으로 변화된다. 물론 쉽지는 않다. 동물은 나이가 들수록 많이 사용한 근육의 콜라겐 교차 결합이 증가해서 단단해진다. 이런 콜라겐을 분해하려면 충분히 긴 시간 동안 높은 온도로 가열해야 한다.

그리고 이런 국물 요리에 빠짐없이 등장하는 것이 간장, 된장, 고추장과 같은 장류이다. 간장은 찍어 먹는 소스로 쓰이거나 온갖 나물이나 찌개를 만들 때 첨가되어 다른 재료의 맛을 끌어 올리고 다양한 종류의 고기와 생선 요리에도 빠짐없이 사용되었다. 또한 메주로 만든 된장과 고추장은 온갖 찌개와 탕에 사용되었고, 그중에 된장찌개와 김치찌개는 한국인이 가장 좋아하는 음식의 하나가 되었다.

찌개나 탕을 끓인다는 것은 여러 가지 재료의 장점을 더욱 살린다는 의미도 있다. 감칠맛에는 다른 맛에 없는 강력한 상승작용이 있다. 감칠맛의 재료는 한 가지를 쓸 때보다 여러 가지로 나누어 쓰면 사용량에 비해 감칠맛이 엄청나게 증가한다. 한국인은 국물을 낼 때면 다시마와 멸치를 같이 쓰는데 다시마에는 글루탐산이 가장 풍부한 편이고, 멸치에는 이노신산이 풍부하다. 그리고 이들이 50:50으로 만나면 감칠맛이 7배까지 증폭된다. 다시마국물에 꼭 멸치를 넣는 이유이다. 그리고 버섯에 풍부한 구아닐산(GMP)은 이노신산보다 더 강력하다. 국물 요리에 버섯이 자주 등장하는 이유이다.

그리고 한국인의 마늘 사랑은 가히 세계적이다. 다른 나라가 마늘을 양념으로 쓴다면 한국인은 채소를 먹는 것처럼 많이 먹는다. 마늘은 각종 찌개에 깊은 맛을 더하고 특유의 풍미를 입힌다. 사실 마늘을 잘 사용하기는 은근히 까다롭다. '고약한 향기의 장미'라고 불릴 만큼 강한 풍미가 있고, 뜨거운 열을 가하거나 다지면 눈물 날 만큼 매운맛을 보여준다. 하지만 잘 쓰면 요리의 풍미를 확실히 높여 준다. 메틸퍼릴디설파이드가 혀의 감칠맛 수용체를 자극하여 요리에 MSG가 있다면 감칠맛은 크게 증가한다.

한국인은 양파도 좋아한다. 양파는 날로 먹으면 자극성이 강하지만 은근한 불에서 진한 갈색이 날 때까지 장시간 볶으면 양파 특유의 매운맛을 주는 아릴디설파이드가 일부는 날아가고 남은 것이 프로필머캅탄이 되는데 이것이 단맛을 상승시키고, 단맛이 증가하면 다른 맛도 상승하며 향도 좋게 느껴진다. 채소에는 단백질은 적지만 단백질로 결합하지 않은 아미노산의 비율은 상당하다. 그러니 샤부샤부처럼 채소로 국물을 내도 제법 감칠맛이 있다.

우리는 콩나물, 배추, 무, 두부, 된장, 시금치, 아욱, 근대, 미나리,

시래기, 우거지 등으로 국물을 만든다. 햇나물로 먹고, 겨울철에는 말린 나물, 시래기로 먹는다. 이제는 사시사철 싱싱한 채소가 흔하지만 그래도 한국인들은 여전히 겨울이 되면 김장하고, 시래기를 말리고, 그것으로 온갖 해장국과 찌개를 끓인다. 장류가 발달하여 채소를 가장 맛있게 먹는 방법을 세계 누구보다 잘 알고 있다. 그래서 채소와 해산물 해조류의 섭취량은 세계 최고 수준이다. 해산물 중에 새우의 감칠맛 성분은 좀 독특하게 아데닐산이다. 조개류에는 글루탐산, 이노신산과 호박산이 감칠맛을 낸다. 이 중에서 호박산은 조개류의 고유한 감칠맛을 낸다. 그리고 감칠맛은 종류가 다양할수록 풍부한 맛을 준다. 한국인은 부족한 식재료의 한계를 조합의 기술로 극복한 것이다.

정말 빈약한 식재료도 같이 넣고 끓이면 훨씬 먹을 만한 것이 되고 포만감도 오래간다. 운동선수나 다이어트를 하는 사람 중에 바나나 등을 믹서에 갈아서 먹는 경우가 있는데, 음식을 갈아서 먹으면 위에서 체류하는 시간이 2배가 길어져 그만큼 포만감이 오래가기 때문이다. 탕으로 먹어도 그런 효과가 있다. 면이나 건더기만 먹어서 부족했던 포만감이 국물을 먹으면 배부름의 효과가 생기는 것이다. 여러 사람을 만족시키는 데는 국물이 최고였다.

탈북민이 하는 유튜브에서 남한의 음식을 평가하는 것을 보면 가장 불만족스러운 음식의 하나로 스테이크를 꼽는 경우가 많다. '좋은 한우고기로 잘 구운 스테이크'를 두 번 다시 먹지 않겠다고 말할 정도로 싫어하는 이유를 짐작하기는 쉽지 않다. 탈북민의 불만은 '어떻게 고기를 피가 보일 정도로 덜 익혀 먹을 수 있느냐'는 것이다. 소고기 육회도 먹는데, 가볍게 익혀 먹는 것이 뭐 그리 불만일까 하겠지만 북한에서 고기는 매우 귀한 것이고, 어쩌다 고기가 생기면 솥에 넣고 푹 익혀서 나눠 먹는 것이 일반적이라고 한다. 그렇게 먹어야 제대로 먹는 것인데, 그 귀한 고기를 피가 보일 정도로 덜 익혀서 완전히 망쳐 놓았다는 것이 불만이다. 사람들은 '이 음식은 이래야 한다'는 명확한 자기 기준이 있는 경우 그 기준이 파괴될 때 분노하는 경향이 있다.

사실 북한 사람만 그런 것이 아니라 과거의 우리도 그랬다. 과거 해외여행이 처음 자유화되면서 외국 여행을 하면서 외국의 음식을 말할 때 가장 화제가 되는 것이 '물을 돈을 주고 사서 먹는다.'와 '고기를 시켰더니 피가 뚝뚝 떨어지게 덜 익혔더라!'였다. 2000년대까지는 남한도 고기를 완전히 굽거나 푹 익혀 먹었고, 미디엄 정도로 익힌 고기도 안 익은 고기라고 싫어하는 사람이 많았다. 그래서 패밀리 레스토랑에서 미디엄을 주문해도 무조건 웰던으로 주는 경우가 많았다고 한다. 고기를 좀 먹는 사람은 레어나 미디움을 시킨다는 말을 듣고 폼잡고 미디움으로 시켰다가 막상 스테이크를 받고는 화를 내거나 행패를 부리는 경우가 많아서였다고 한다. 예전에는 고기는 가장 귀한 식재료였고, 그런 고기를 가장 효율적으로 먹는 것이 국물과 탕이었다. 우리나라는 고기의 온갖 부위를 온갖 방법으로 요리해 먹었다. 그래서 곰탕도 여러 종류여서 소머리곰탕, 꼬리곰탕, 도가니탕, 갈비탕, 내장

감칠맛

탕이 따로 있다.

불을 이용한 요리의 발명이야말로 인간이 인간답게 살 수 있게 된 최소한의 기반이라고 생각하는 학자도 있다. 음식을 불로 가열하는 것은 병원균을 죽이는 안전성을 높이는 수단이었고, 소화와 흡수가 좋아져 같은 음식에서 30~40% 정도 더 많은 영양분을 흡수하는 방법이 되었다. 그리고 가열은 요리의 절대적인 수단이 되었다. 처음에는 바비큐처럼 고기를 불에 직접 굽는 방식이었겠지만 진흙이나 나뭇잎 등에 쌓아서 요리하는 방법도 개발되고, 토기가 만들어지자 끓이는 요리도 개발되었을 것이다.

농경문화가 시작되면서 인구는 늘고 고기는 더 귀해졌기 때문에 채소를 이용한 요리도 발전했다. 우리는 세계에서 채소를 가장 많이 먹는 편인데, 채소의 섭취에는 장류와 적절한 그릇의 확보가 큰 역할을 했다. 채소에 흔한 독성물질과 독과 쓴맛 물질을 우려내기 좋은 도구가 바로 진흙을 구워 만든 독이다. 고사리, 토란, 도토리 등의 바로 먹을 수 없는 식재료를 우려내서 쓴맛(독)을 제거하고 먹은 것이다. 토기는 1만 년전부터 만들어지기 시작해 수확물을 저장하고 운반하고 조리하는 도구로 쓰인 것이다. 그릇의 발전으로 음식물을 삶거나 쪄서 먹는 것이 가능해졌고, 원래는 먹을 수 없는 것을 잘 가공해 먹을 수 있게 되었다. 같은 재료도 더 쉽게 먹을 수 있고, 소화하기 쉽게 바꾸어갔다. 그 대표적인 것이 바로 탕이자 국물 요리다.

6·25 전쟁 기록 영상에 피난민 행렬을 보면 머리에 솥단지를 이고

가는 모습이 자주 등장한다. 당시에 솥은 음식을 맛있게 해주는 도구가 아니라 먹기 힘든 것을 먹을 수 있게 해주는 생명줄이었던 셈이다. 정말 빈약한 식재료도 적당히 섞어서 끓이면 훨씬 먹을 만한 것이 되고 포만감도 오래간다. 면이나 건더기만 먹어서 부족했던 포만감이 국물을 먹으면 배부름의 효과가 생기는 것이다. 여러 사람을 공평하게 만족시키는 데는 국물이 최고이다.

우리는 콩나물, 시래기, 된장 등 정말 다양한 재료로 국을 끓인다. 가히 국물의 왕국이다. 그리고 국물에는 항상 밥이 따라온다. 여러 나라에서 국수와 라면을 즐기지만, 라면을 먹고 그 국물에 밥을 잘 말아 먹지는 않는데 라면 국물에 밥을 말아야 직성이 풀리고, 어떤 찌개나 요리든 빨간 국물이 남으면 거기에 밥을 볶는다. 해물탕은 다른 나라에도 있겠지만 해물탕에 라면을 끓이고도 마지막 코스로 그 국물에 밥을 볶지도 않는다. 국물로 할 수 있는 그 끝을 봐야 직성이 풀리는 셈이다.

우리의 메뉴판에는 음식의 이름이 찌개나 탕의 이름인 경우가 많다. 설렁탕, 김치찌개, 된장국 등을 시키면 밥과 반찬이 따라오는 것이다. 한식의 대표적인 특징이 반찬이 기본적으로 제공되는 것인데, 반찬 명이 아니라 찌개나 탕이 음식명이 될 정도로 우리는 국물을 사랑한다. 무더운 한여름에 땀 흘리며 먹는 삼계탕을 먹고, 추운 겨울에 별미로 냉면을 먹는 것 같이 외국인들 눈에는 좀 이상하게 보일 정도로 국물의 활용 폭이 넓고, 뜨거운 국물을 마시면서 '시원하다'고 말을

감칠맛

할 정도로 관록이 생기기도 한다.

그리고 어떤 음식이든 우리나라에 들어오면 국물 형태의 변형도 생겨난다. 만두는 중앙아시아에서 시작되어 세계로 퍼져 지금은 대부분 국가에 만두 형태의 음식이 있다는데 그렇다고 우리처럼 만둣국, 만두전골 등의 형태로 국물 요리로 개발하지는 않는다. 불과 몇 십 년 전만 해도 한국인에게 '흰쌀밥에 소고기미역국'이 최고의 로망이었다. 고기는 귀한 것이라 구워서 살을 직접 먹는 것은 상상하기 힘들었고, 탕으로 만들어 여럿이 나누어야 할 음식이었다. 고기가 어느 정도 흔해져도 고기는 쌈에 조금 넣고 먹는 것이지 스테이크처럼 고기만을 직접 소금에 찍어 먹는 식은 아니었다. 그러다 지금은 쌀보다 고기를 많이 먹는 시대가 되었다.

요즘은
밥보다 고기를 많이 먹는 시대

2013년 국내 돼지·소·닭고기 같은 육류 소비량이 1인당 60㎏을 넘었다. 쌀 소비량보다 많은 것으로 이제는 한국인이 밥 힘으로 사는 것이 아니라 고기 힘으로 사는 셈이다. 과거부터 고기는 인류가 자연에서 얻을 수 있는 먹을거리 중 가장 후한 대접을 받아 왔다. 단지 구하기가 힘들어서 마음껏 먹기 힘들었는데 이제는 소득향상과 축산업의 발전으로 마음껏 즐길 수 있게 되었다.

고기 소비량의 절반이 돼지고기(30.1㎏)였고, 닭고기(15.7㎏), 소고기(14.8㎏) 순이었다. 돼지고기가 인기인 것은 가격이 상대적으로 저렴하고 구이뿐 아니라 찌개, 볶음 등 다양한 요리의 재료로 잘 어울리기 때문이다. 집에서 돼지고기 조리 형태를 보면 '구이'가 62.5%, 요리류

감칠맛

가 37.5%를 차지했다. 삼겹살을 구워 먹는 형태가 가장 많은 것이다.

고기의 성분은 종류에 따라 다르지만, 수분이 75%, 단백질이 20%, 지방이 5% 정도이다. 식물이 탄수화물 위주인 것에 비하면 동물은 탄수화물은 거의 없고 단백질이 많은 것이 특징이다. 고기를 좋아하는 것은 결국 이 단백질 때문이다.

고기를 구워 먹는 이유

사람들은 고기를 맛있다고 하지만 감칠맛만으로는 그 매력을 설명하기 힘들다. MSG나 다시다에는 감칠맛 성분이 고기보다 수십~수백 배 들어 있지만 두부에 MSG를 듬뿍 넣는다고 두부가 고기보다 맛있

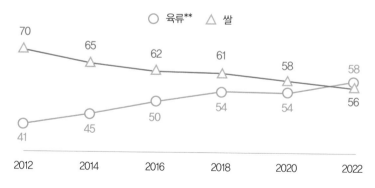

* 2022년 양곡소비량 조사, 통계청, 2023.1.27. 「농업전망 2023 리포트」, 한국농촌경제연구원, 2023.1.18
** 소고기, 돼지고기, 닭고기

• 한국인의 육류, 쌀 1인당 연간 소비량(kg) •

어지지 않는다.

그렇다면 고기의 향이 매력의 실체일까? 사람들은 고기 자체의 향을 좋아하지 않는다. 오히려 싫어한다. 고기 요리에 대한 대표적인 칭찬이 '고기 냄새가 나지 않는다.'는 것이기도 하다. 고기 냄새를 생선의 비린내만큼 싫어하는 경우가 많다. 좋아하는 고기 향은 고기를 구웠을 때나 나는 냄새이지 생고기의 향은 좋아하지는 않는다. 고기 자체에는 거의 냄새가 없다가, 고기가 잘 익었을 때 나는 바로 그 냄새만 바란다.

소고기 빨간색 육질 사이에 하얀 꽃이 핀 것처럼 지방이 촘촘히 박힌 것을 '마블링(marbling)'이라고 한다. '지방이 촘촘히 박힌 형태가 대리석 문양 같다' 해서 생긴 말로 근내지방도가 공식 용어다. 이런 마블링에 따라 소고기의 등급이 달라진다. 1980년대만 해도 쇠고기 마블링에 크게 신경 쓰지 않았다. 마블링이 좋은 쇠고기가 맛있다는 것은 세계인의 일반적 기준도 아니다. 마블링이 잘 들어간 고기는 요리하면 향이 좋고, 육즙이 많아 식감이 부드럽다. 고기를 구울 때 내부 온도는 80℃를 넘지 않지만 겉은 매우 온도가 높다. 160℃가 넘으면 로스팅 향이 마구 생긴다. 기름은 향을 유지하는 능력이 아주 크다. 요리 중 발생하는 향은 기름에 잘 녹는 성분이다. 기름이 많으면 향이 많이 남아서 보다 풍부한 향을 즐길 수 있다. 따라서 마블링이 많은 고기가 구우면 맛이 있다.

지금 우리가 주로 먹는 것은 야생의 고기가 아니라 가축으로 키우는

감칠맛

소고기, 돼지고기, 양고기, 닭고기 정도에 불과하다. 그것도 품종의 개량, 거세, 사료의 관리를 통해 돼지고기, 양고기 특유의 냄새가 최대한 나지 않게 키운 것들이다. 요리법도 그런 고기 냄새가 나지 않게 하는 것이 비법이지 고기 특유의 냄새가 나면 실패한 것이다. 사람들은 고기를 좋아하지만 육향에 대해서는 매우 엄격한 기준이 있는 것이다.

그런데 과연 아이들도 고기 냄새에 거부감이 있을까? 거부감은 학습에 의한 것일 수 있다. 유아 때는 역겨움을 느끼지 않는다고 한다. 그러다 서너 살 무렵부터 혐오감을 배우게 된다. 그리고 아이들은 주변의 사람들이 어떤 고기를 먹는지 관찰하고 아무도 먹지 않는 고기를 역겹다고 생각한다. 새로운 과일이나 채소 등은 새로운 것에도 기꺼이 모험한다. 하지만 고기에 대해서는 일단 경계를 한다. 채소나 과일에 대해서는 타부가 별로 없지만, 고기에 대해서는 나라와 종교별로 그 고기는 먹지 말라는 타부도 많고, 고기에 대한 금기사항은 잘 지켜진다.

우리가 고기향이라고 좋아하는 것은 고기 자체의 향이 아니고 요리(가열)로 만들어진 인위적인 향이다. 날고기는 약간의 피와 같은 냄새를 가지고 있는데, 가열하면 특유의 맛있는 고기향이 난다. 불을 이용한 요리는 인간만의 독특한 현상이고, 불을 이용한 요리의 발명이야말로 인간이 인간답게 살 수 있게 된 최소한의 기반이라고 생각하는 학자도 있다.

고기를 가열하면 당과 아미노산이 만나서 수백 가지 향기 물질이 만들어지고, 먹음직한 색도 만들어진다. 이것을 메일라드 반응이라고 하는데 우리가 좋아하는 구운 빵, 비스킷, 볶은 커피, 군고구마, 군밤, 호떡, 부침개, 튀김 등에서 만들어지는 매혹적인 로스팅 향이 전부 이 반응으로 만들어지는 것이다. 이 반응은 저온에서는 수 일에서 수 년에 걸쳐 느리게 일어나고, 100℃에서는 약하게 일어난다. 그러다 150℃ 이상이 되면 폭발적으로 일어나고, 165℃를 넘기면 오히려 메일라드 반응은 억제되기 시작하고, 캐러멜 반응이 활발하게 일어나기 시작한다. 그러다 190℃ 정도에서 메일라드 반응과 캐러멜 반응이 복합적으로 일어나 풍미가 가장 활발하고 만들어지고, 그 이상의 온도에서는 탄화가 시작되어 탄 냄새가 발생하기 시작한다.

식감 vs 로스팅 향

고기향의 핵심은 가열 반응이다. 저온에서 장시간 처리한다고 고온에서 만들어지는 향기 물질이 만들어지지 않는다. 그래서 전자레인지로 낼 수 없는 맛(향)이 있는 것이다. 전자레인지는 내부 온도가 먼저 올라가 표면 온도가 충분히 높아지지 않는다. 표면에 갈변과 향 생성 반응이 생기지 않는 것이다. 수비드(sous vide) 요리가 물성은 완벽한데 향이 부족한 이유이기도 하다. 수비드 요리로는 고기 전체를 완벽

감칠맛

한 미디엄 레어로 익힐 수 있고 육즙도 빠져나가지 않지만, 이 반응에 의한 특유의 맛과 향을 얻을 수 없다. 그래서 수비드로 조리한 고기를 다시 팬에 살짝 굽거나 토치로 겉을 굽기도 한다.

고기마다 다른 향을 만드는 것은 지방이다. 지방 자체는 향이 없지만 포도당과 단백질의 구성 아미노산 중 시스테인(황 함유 아미노산)을 만나면 고기향이 만들어진다. 소기름을 만나면 소고기 향, 돼지기름을 만나면 돼지고기 향, 닭기름을 만나면 닭고기 향이 된다. 소기름(우지), 돼지기름(돈지)에 튀기면 맛있던 튀김이 식물성 유지에 튀기면 맛이 떨어진 이유가 바로 이 향 때문이다. 채소튀김을 튀길 때 소기름에 튀기면 은근한 소고기 향이 생성되어 맛있던 것이 식물성 기름을 만나면 이 향이 생기지 않아 맛이 떨어지는 것이다. 기름은 향을 유지하는 능력이 아주 크다. 향기 성분은 원래 기름에 잘 녹는 성분들인데 요리 중에 발생한 향이 기름에 포집되어 풍부한 향을 즐길 수 있다. 마블링이 많은 고기가 구우면 맛이 있다. 하지만 아무리 강렬한 향도 그 양은 0.01% 이하이다.

감칠맛의 결정판 불고기

요즘은 스테이크가 대세지만 그 전에는 불고기가 한국인이 가장 좋아하는 외식 메뉴였고 한국을 대표하는 음식이었다. 불고기의 특징은 다른 고기구이에 없는 육수와 채소인데 이런 방식이 인기를 끈 것은 6·25 전쟁 이후라고 한다. 쇠고기 공급량은 제한적인데 고기의 수요가 늘자 고기에 충분한 채소와 함께 달콤한 양념 국물을 추가하여 '양이 많은' 육수형 불고기를 고안한 것이다. 그것이 1970~1980년대에 전성기를 이루었다.

불고기의 특징은 육수와 채소 말고도 녹아 버릴 듯이 얇고 부드러운 고기에 있는데, 거기에는 육절기의 보급이 결정적 도움이 되었다. 과거에는 고기를 얇게 썰기가 정말 힘들었는데 1960년대 후반부터 고기를 살짝 얼릴 수 있고, 얇게 저밀 수 있는 육절기가 보급되면서 질긴 고기도 얇게 썰어 부드럽게 먹을 수 있게 되었다. 이는 식당과 손님 모두를 만족시킬 수 있는 혁신이었다.

식당은 고기가 얇아 양념을 오래 해두지 않아도 맛이 잘 스며들었고, 고기는 아주 빨리 익었다. 그럼에도 육수가 있어서 쉽게 고기를 타지 않게 할 수 있었다. 이것은 불고기 요리에 적합한 불판의 개발도 한몫을 했는데 고기 불판의 가운데가 위로 볼록하고 구멍이 있는 것이 특징이다. 구멍 덕분에 위쪽에 올려놓은 고기가 흘러내리지 않고, 구멍으로 불꽃이 직접 닿아 육수를 품은 고기임에도 고온에서 일어나는 메일라드 반응이 충분히 일어났다. 또한 고기에서 배어 나온 육수가 국물받이에 모여 채소에서 배어 나온 글루탐산과 조화를 이루어 밥을 비벼 먹기에 극상의 감칠맛을 제공하였다.

사실 불고기야말로 감칠맛 성분, 로스팅 향, 부드러운 식감을 갖추

감칠맛

었고 적은 고기로 가장 높은 만족을 주는 친환경이고 건강한 조리법이었는데 왜 요즘은 그 인기가 한풀 꺾인 것일까? 아마 그것이 맛의 본질일 것이다.

고기나 우유는 다른 식품에 비하면 혀로 느낄 수 있는 맛 성분도 코로 느끼는 향기 성분도 많은 편이 아니다. 하지만 그것에는 우리 몸에 필요한 영양분이 많기에 아무리 향이 약해도 맛있다고 느낄 준비가 되어 있다. 사소한 향의 차이를 본인 스스로 증폭하여 느끼면서 감동할 수 있는 것이다. 사람들은 향을 좋아한다고 하지만 향기만 멋진 식품은 성공할 수가 없다. 몸에 필요한 영양이 많은 음식은 그게 왜 맛이 있는지 이유를 잘 모르면서 더 좋아할 수 있다. 이유를 정확히 모르지만 맛있게 느끼는 음식에는 칼로리와 편안함이 있다. 음식의 즐거움은 결코 향만으로 충족되지 않는다. 향은 그 음식을 좋아하는 핑

· 불고기 ·

계에 가깝다.

고기는 귀한 만큼 감정적이다

북한 사람에게 라면과 한우 스테이크를 주면 어떤 것이 더 맛있다고 할까? 탈북민의 유튜브 방송을 보면 유난히 일관되게 라면에 대해서는 긍정적으로 평가하고, 스테이크에 대해서는 최악의 음식으로 평가한다. 고기는 귀한 것이고 나름의 기준이 있으면 자신의 기준에 벗어나는 음식에 대한 반감도 커지기 때문이다.

필자가 회사에 입사해서 1990년대에 처음 동료와 일본에 출장을 갔는데, 아침을 먹을 때 그 분의 모습이 아직도 기억에 남는다. 나는 전혀 불만이 없었는데 그 분은 모든 게 불만이었다. 나는 그냥 외국 음식이라고 먹었는데, 그 분은 이것은 왜 짜고, 이것은 왜 싱겁냐고 모두가 엉망이라고 불만이었다. 전혀 모르는 식재료와 외국 음식이었으면 모르겠는데, 우리와 같은 식재료의 닮은 음식인데 우리가 싱겁게 먹는 것은 짜게 간을 하고, 짜게 먹는 것은 싱겁게 간을 하니 전부 맛이 없었던 것이다. 전체적으로는 간이 맞기 때문에 그냥 외국 음식이라고 생각하면 문제가 없었을 텐데, 아는 재료, 아는 음식이라 자신의 기준과 다름에 대한 불만이 대단했다.

기준이 있는 음식에 대한 분노는 외국인이 라면을 2리터의 물에 끓

감칠맛

이는 장면이나 짜장면이나 비빔밥을 비비지도 않고 먹는 장면을 보면 이해가 쉬울 것이다. 어려운 것도 아니고 단지 물량만 맞추면, 비비기만 하면 훨씬 맛있게 먹을 텐데 왜 그런 식으로 먹느냐며 화가 날 수 있다.

음식은 여러모로 감정적인데 고기는 특히 감정적이다. 사실 고기는 윤리적으로도 복잡한 감정을 가지고 있다. 과거에 고기를 먹는다는 것은 정말 어렵사리 사냥해야 했고, 신음 소리를 내며 죽어가는 그 동물의 숨통을 끊고, 숨이 아직 붙어 있는 동물의 질긴 가죽을 이빨로 뚫고, 고기를 잔인하게 찢어내어 덜컥 삼키는 행위였다. 지금은 우리가 동물(가축)이 고기가 되는 과정을 직접 보지는 않지만, 그래도 살아 움직이는 것을 죽이고 동물의 몸을 먹는다는 감정이 있다. 고기는 그만큼 감정적이고 타부가 많았다. "이 고기는 먹지 말라."라고 타부가 생기면 잘 지켜지는 편이었다. 상대적으로 채소에 대한 타부는 없다.

2장

고기의 식감:
근육, 콜라겐, 지방

고기의 핵심은 향일까 식감일까?

    최근 대체육에 관심이 높다. 환경위기가 점점 심각해지고 있는데 가축을 키울 때는 식물을 키울 때 보다 훨씬 많은 자원이 소비되고, 온실가스 배출도 많아서 고기를 먹는 것보다 콩으로 만든 대체육을 먹는 것이 환경에 훨씬 좋다는 것이 대체육이 내세우는 가장 중요한 장점이다.

    그런데 우리 민족은 아주 오래전부터 고기보다 콩으로 만든 두부를 많이 먹어왔다. 환경과 영양만 따진다면 대체육보다 두부가 훨씬 좋은 대안이다. 단지 사람들이 두부보다 고기를 좋아할 뿐이다. 그럼 두부를 고기처럼 만들려면 무엇이 필요할까? 감칠맛 성분 0.5%와 로스팅향 0.1%의 대체육을 개발할 때 가장 핵심이 되는 기술이 향이 아니라 고기와 비슷한 식감을 만드는 것이다. 사실 어떤 식품이든 물성만 잘 만들어지면 맛과 향을 내는 것은 쉽다.

고기 특유의 식감을 내는 데 핵심적인 것이 구조화된 단백질인 근육이다. 동물에 단백질이 많은 것은 근육 때문이고, 동물이 자유롭게 움직이려면 근육이 필수적이다. 우리가 움직이려면 우리의 의지에 따라 뇌에서 전기적 신호가 발생하고, 해당 근육이 적절하게 수축이나 이완이 이루어져야 움직일 수 있다. 이런 근육은 자신 몸의 몇 배의 하중을 견딜 정도로 강인하여야 하고, 에너지 효율적이어야 한다.

야생에서는 무작정 몸집이 크다고 생존에 유리한 것도 아니고, 근육이 많다고 유리한 것도 아니다. 그래서 동물의 몸에는 성장을 억제하는 유전자와 근육의 형성을 억제하는 유전자도 같이 있다. 그런데 가축이라면 사정이 달라진다. 인간이 적으로부터 보호해 주고, 먹이를 공급해 주기 때문에, 몸집은 무조건 빨리 커질수록 좋고, 그중에 살과 지방의 비율이 높을수록 좋고, 근육은 부드러울수록 좋다. 야생의 동물에게 필수적인 강인함이나 날렵함은 필요 없고 그저 부드럽고 맛있는 고기가 많이 생산되면 좋은 것이다.

탄력 있으면서 부드러운 식감을 좋아하는 이유

요즘 사람들은 고기는 부드러워야 좋아한다. 예전에는 고기가 정말 귀한 것이라 나름 충분히 음미하기 위해 적당히 질긴 고기도 좋아했지만, 지금은 무조건 부드러운 것이 인기이다. 사실 고기뿐 아니라 사람들이 공통으로 좋아하는 식감은 뭔가 좀 단단한 것이 사르르 녹는 느낌을 주는 것이다. 완전히 녹은 것은 싫고 딱딱한 상태가 있어야 하고, 딱딱한 상태가 지속되면 싫고 사르르 녹아야 좋다는 나름 모순적인 이 두 가지 욕망을 어떻게 설명할 수 있을까? 이것은 아마도 영양과 흡수 두 가지 측면인 것 같다. 딱딱한 것은 건더기에 영양이 있다는 증거이고, 녹는다는 것은 몸에서 흡수된다는 의미와 같다. 계속 고체를 유지하면 소화가 되지 않는다는 의미이므로 환영받기 힘들다. 입에서 잘 녹는 음식은 항상 사랑을 받았다. 녹는다는 것은 소화를 의미하기도 하고 향의 방출을 의미하기도 한다. 딱딱한 덩어리는 소화도 되지 않고 향의 방출도 이루어지지 않는다. 녹아야 맛도 느끼고 향도 느낄 수 있다. 아이스크림이 가장 대표적인 예이고 초콜릿의 매력도 입안에서 사르르 녹는 물성에 있다.

2-2 탄력 있으면서
부드러운 것을 좋아하는 이유

　고기의 탄력에 중요한 것이 근육의 정도와 근섬유다발을 둘러싼 콜라겐이다. 고기의 부드러움에는 콜라겐의 강도와 두께(양)가 중요한데 동물의 암/수, 나이, 품종, 사료 등에 따라 다르다. 근육은 활동 정도에 따라 강도가 다르다. 적은 힘을 가하고 가벼운 움직임만 하는 작은 근육들은 약한 콜라겐과 얇은 근섬유들을 가지고 있어서 고기가 연하다. 강력한 힘을 가지고 극심한 운동을 담당하는 큰 근육은 강한 콜라겐과 두꺼운 근섬유를 가졌고 고기가 질기게 된다. 부드러운 부위를 작업할 때는 콜라겐을 무시할 수 있지만 단단한 고기는 콜라겐을 잘 처리해야 한다. 소의 꼬리나 송아지 정강이와 같이 질긴 부위는 안심 같은 연한 부위보다 훨씬 많은 콜라겐을 가지고 있다. 더구나 그

　　　　　　　　　　　　　　　　　　　　　　　　　감칠맛

부위의 콜라겐은 쉽게 젤라틴으로 분해되지 않는다. 그러니 적절한 조리를 통해 콜라겐을 충분히 분해해야 한다.

콜라겐을 가열하면 부드러운 젤라틴으로 변화된다. 물론 쉽지는 않다. 동물이 나이가 들수록 많이 사용한 근육의 콜라겐에서 교차 결합이 증가하여 단단해진다. 이런 콜라겐을 분해하려면 충분히 긴 시간 동안 높은 온도로 가열해야 한다. 온도가 높을수록 콜라겐의 분해가 빨라진다. 하지만 높은 온도에서는 고기에서부터 즙이 새어나오기 시작한다. 콜라겐의 분해가 일어나기 전에 고기가 먼저 수축이 되기도 한다. 수축이 일어나면 육즙은 더 많이 빠져나오고 고기는 더 뻑뻑해진다.

수비드로 조리하면 부드러운 이유

고기는 근육의 형태와 양이 요리와 육가공의 물성에서 매우 중요하다. 고기를 굽거나 요리할 때나 소시지나 햄으로 가공할 때도 근육의 구조와 특징을 이해하는 것이 중요하다. 근육은 액틴과 미오신으로 되어있다. 액틴은 지름이 8nm(나노미터)정도로 몸 안에 섬유 형태의 단백질 중에 가장 가늘다. 액틴 사이에 미오신이 있는데 이것의 머리 부분이 액틴과 결합하면서 앞으로 이동하여 근육의 수축이 일어난다.

근육은 수축과 이완을 반복하는데, 수축한 상태는 단단하고 질기다. 그리고 근육의 단백질이 가열로 변성되면 서로 뭉쳐서 단단해진다. 육가공에서는 온도, pH, ATP 농도 등을 어떻게 조절하여 근육 단백질이 적당한 보수력과 탄성을 가지게 할 것인지가 핵심 기술이다. 열분석기(DSC)로 분석하면 고기에서 지방이 가장 먼저 녹고, 단백질 중에 혈장단백질, 미오신, 콜라겐, 액틴 순으로 열변성이 일어난다는

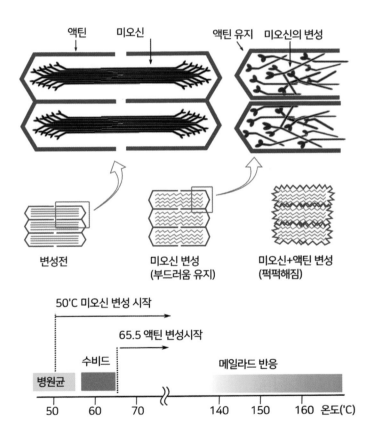

액틴　　미오신　　　　액틴 유지　미오신의 변성

변성전　　　　　미오신 변성　　　미오신+액틴 변성
　　　　　　　(부드러움 유지)　　(퍽퍽해짐)

50℃ 미오신 변성 시작

65.5 액틴 변성시작

수비드　　　　　　　메일라드 반응

병원균

50　　60　　70　　　140　　150　　160　온도(℃)

• 수비드 요리에서 65℃ 이하로 가열하는 이유 •

감칠맛

것을 알 수 있다. 그리고 고기를 부드럽게 요리하는 수비드 요리는 미오신만을 변성하고 액틴은 변성시키지 않는 것이 핵심이다.

고기는 섬유질과 결합조직을 포함한 다양한 단백질 구조들로 이루어진 움직이는 기계이다. 이것은 동물의 종류, 나이, 사육 방법 등 살아 있을 때의 조건뿐 아니라 심지어 도축한 이후에도 어떻게 다루어지는가에 따라 완전히 달라진다. 이런 근육의 기본적 성질을 이해하고 가공 및 조리 시 어떻게 달라지는지 이해하는 것이 중요하다.

이런 고기를 조리할 때는 균형을 잘 잡아야 한다. 고기를 충분히 가열해야 하지만 너무 많이 가열해도 안 된다. 그래서 수비드와 같은 방법이 개발되기도 했다. 강력한 콜라겐을 가진 고기를 낮은 온도에서 오랫동안 천천히 조리하는 것이다. 온도에 따라 변성되는 단백질이 다른데 액틴이 변성되지 않는 온도에서 아주 오랫동안 요리하여 콜라겐을 녹여내는 것이다.

콜라겐(젤라틴)은 정말 특별한 단백질이다

단백질은 정말 단단한 조직을 만들 수 있다. 거미줄이 대표적으로 질긴 단백질인데 보통 거미줄의 두께가 너무 얇아서 그 강도를 실감하기 힘들다. 하지만 같은 무게의 강철과 비교하면 20배나 질기다고 한다. 코뿔소의 코, 손톱, 발톱, 머리카락도 단백질이다. 이들은 특정

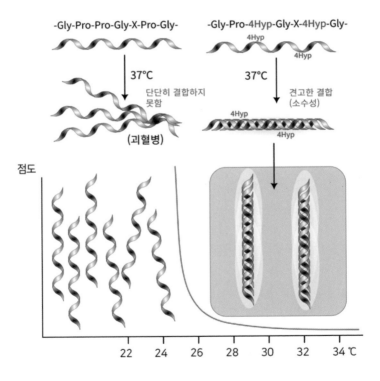

Proline

2-Oxoglutarate → Succinate
Proline hydroxylase
Hyroxyproline

Lysine

Lysyl hydroxylase
O_2, Fe^{2+} → CO_2, Fe^{3+}
Hyroxylysine

Dehydro ascorbate

Vitamin C (ascorbic acid)

-Gly-Pro-Pro-Gly-X-Pro-Gly-   -Gly-Pro-4Hyp-Gly-X-4Hyp-Gly-

4Hyp

4Hyp

37℃   37℃

단단히 결합하지 못함   견고한 결합 (소수성)

4Hyp

(괴혈병)   4Hyp
                                   4Hyp

점도

22 24 26 28 30 32 34 ℃

• 콜라겐의 합성과 구조체 형성 •

감칠맛

한 성분도 있지만 단백질 중에서 가장 공통적이면서 가장 흔한 것이 콜라겐이다. 같은 무게의 강철보다도 강인한 흰색 섬유성 단백질이다. 질기기로 소문난 고래 힘줄이 바로 콜라겐이다.

콜라겐은 우리 몸 단백질의 20~35%를 차지하는 양적으로 가장 많고 중요한 단백질이다. 이들은 기관과 조직을 하나로 묶어 연결하는 세포 간 접착제 기능을 한다. 콜라겐이 부족하거나 튼튼하지 못하면 피부, 뼈, 연골, 혈관 벽, 치아, 근육 등의 구조와 기능이 떨어진다.

이런 콜라겐은 존재하는 양은 다른 단백질에 비해 압도적이고, 만드는 과정도 특별하며, 그 물리적 특성마저 정말 특별하다. 통상의 단백질은 아미노산을 결합하는 것으로 끝나는데, 콜라겐은 일부 변형된 아미노산을 사용한다. 일부 프롤린을 하이드록시프롤린, 글리신을 하이드록시라이신으로 전환해야 한다. 그래야 3줄의 콜라겐이 단단한 결합을 한다. 이 과정에서 비타민 C가 조효소로 작용한다. 비타민 C가 결핍되면 괴혈병에 걸릴 수 있는 이유가 단단한 조직을 만들 콜라겐의 합성이 저해되기 때문이다.

콜라겐(젤라틴)은 물성도 정말 특별하다

곰탕이나 생선찌개가 식으면 굳는 경우가 있다. 뼈 등에서 추출된 젤라틴이 겔화되기 때문이다. 이 겔은 가역적이라 가열하면 다시 녹고 식으면 다시 굳는다. 보통의 단백질은 구형으로 뭉쳐 있다가 가열하면 길게 풀려 서로 엉키고 결합해서 되릴 수 없는 방식으로 응고된다. 보통 단백질들은 한번 굳으면 끝인 경우가 많다. 액상의 달걀은 물에 풀 수 있지만 익은 계란을 풀 수 없는 이유이다.

젤라틴은 온도에 따라 '녹았다 굳었다'를 반복하는데 이런 성질보다 훨씬 특별한 것은 체온 이하의 온도에서 녹고, 녹으면 점도가 0에 가깝게 떨어지는 것이다. 증점다당류 같은 폴리머는 자신의 무게 1,000배 정도의 물을 붙잡는다. 붙잡힌 물은 움직임이 적어져 점도가 높아지거나 겔화된다. 만약 우리 몸에 그렇게 많은 콜라겐이 풀어져서 물을 흡수하면 죽이나 젤리처럼 굳을 것이고 그 순간 생명현상은 멈출 것이다. 이처럼 젤라틴이 다른 겔보다 낮은 온도에서 녹아 점도가 0에 가깝게 감소하는 것은 특별한 이유가 있다.

콜라겐은 글리신-프롤린-하이드록시프롤린 구조의 반복이 많은데 이것은 고온에서 친수성이 낮아진다. 그래서 3개의 사슬이 엉켜서 헬릭스 구조를 형성한다. 이것이 단단한 콜라겐 구조의 기본이 되는데 폴리머가 1/3로 줄어드는 효과와 소수성 사슬이라 물과 결합하지 않아 점도가 없어지는 특별함이 생긴다. 이것이 많은 콜라겐을 함유한 세포 조직이 그렇게 끈적이지 않는 비결이다. 콜라겐은 단백질의 20~30%를 차지할 정도로 많은데, 이것들이 점도를 부여하면 세포들은 고체 상태가 되어 정상적인 생명 활동이 일어날 수 없다. 생명체에

감칠맛

서 가장 중요한 요소는 물이다. 체중이 70kg인 사람의 60%가 수분이라면 42kg의 물이 있는 셈이다. 그런데 불과 400g만 모자라도 상당한 갈증을 느껴 물을 마신다. 1%만 부족해도 신체 활동에 지장을 받기에 갈증을 느끼는 것이다. 그런데 만약 콜라겐이 수분을 붙잡으면 도저히 감당할 수 없을 것이다.

젤라틴을 이용한 젤리 제품도 많은데, 젤라틴의 농도가 3% 이상 충분하게 높은 상태로 녹였다 식히면 젤라틴의 긴 사슬이 서로 중첩되면서 연속적인 그물조직을 형성하기 때문에 굳는다. 젤라틴 비율이 높을수록 겔이 더 쫀득하고 단단해진다. 젤라틴 젤리는 두 가지 면에서 탁월하다. 외관이 반투명하고 윤기가 나며 아름답다. 그 자체로 장식 효과가 있다. 그리고 젤라틴이 녹는 온도가 낮다. 그래서 젤라틴 겔은 입 안에서 진한 향을 내는 액체로 사르르 녹는다. 다른 어떤 점도제도 이러한 성질을 가지고 있지 않다.

▶ 단백질로 등전점 있음. 낮은 pH에서 양전하, 높은 pH에서 음전하를 가진다.

▶ 온도에 따라 가역적인 겔을 형성한다.

▶ 겔이 체온에서 녹기 때문에 식감이 뛰어나다. 향의 릴리스도 잘 일어나 맛도 좋다.

2-3 뼈를 오래 끓이는 이유 : 젤라틴의 추출

콜라겐은 우리의 피부의 주성분이고, 동물의 뼈에는 20%, 돼지 껍질에는 30%, 연골이 많은 송아지 도가니 살에는 40%까지 들어 있다. 뼈와 껍질 부분은 살코기보다 젤라틴을 추출하기 좋은 부위이나 풍미가 약하고, 살코기는 젤라틴을 뽑기에는 비싸고 비효율적이나 풍미가 좋다. 보통의 스톡(stock)은 이것들을 적절히 섞어서 만든 것이다. 콜라겐은 아미노산 사슬 3개가 자연스럽게 서로 맞물려 꼬인 3중 나선 형태를 하고 있으며 이것을 기본으로 모이고 또 모여서 힘줄이 된다. 이런 콜라겐을 충분한 시간을 두고 열을 가해서 다시 개별 사슬로 분해한 것을 '젤라틴'이라고 한다. 육상동물은 60℃ 정도에서 분리되기 시작하여 온도가 올라갈수록 더 많은 젤라틴이 분리되어 나온다. 그러나 많은 콜라겐 섬유들은 강한 교차 결합 덕분에 그대로 남아 있다. 동물의 나이가 많을수록 콜라겐 섬유들은 더 강하게 교차로 결합해 있다.

젤라틴을 뽑아 스톡을 만들려면 생선은 콜라겐이 약해서 1시간이면 충분하지만, 닭고기나 송아지고기는 몇 시간, 쇠고기는 하루 종일 끓여야 한다. 뼈와 살코기의 덩어리가 클수록 오래 걸리고, 동물의 나이

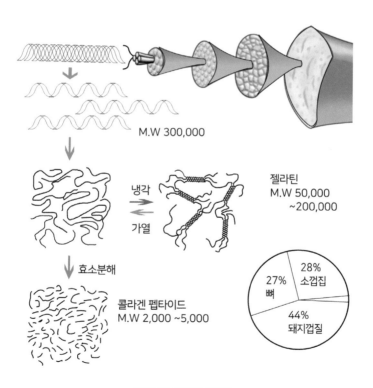

M.W 300,000

냉각
가열

젤라틴
M.W 50,000
~200,000

효소분해

콜라겐 펩타이드
M.W 2,000 ~5,000

28%
소껍질

27%
뼈

44%
돼지껍질

• 콜라겐의 분해(젤라틴화) •

가 많을수록 결합이 단단해서 오래 걸린다. 그런데 추출 시간이 너무 길어지면 이미 용해된 젤라틴 분자들은 더 작은 조각들로 분해되어 점도의 효율은 떨어진다. 물론 젤라틴이 너무 많을 때는 의도적으로 젤라틴을 더 작은 분자로 쪼갤 수 있다. 같은 점도라도 긴 분자가 적게 든 것과 짧은 분자가 많이 든 것은 전혀 다른 식감을 준다.

생선 젤라틴은 서로 느슨하게 결합하여 입안 온도보다 훨씬 낮은 20℃ 이하에서 녹는 섬세한 젤을 형성한다. 식감을 살리려면 너무 과하게 끓이면 안 좋은 것이다. 생선을 오래 가열하면 생선 뼈에서 칼슘 염이 용출되어 단백질과 응고 반응으로 스톡을 탁하고 뿌옇게 만들기도 한다. 생선의 콜라겐은 성장환경에도 영향을 받는데, 추운 지역에 사는 어류의 콜라겐은 교차 결합된 콜라겐이 적어서 훨씬 낮은 온도에서 녹고 용해된다. 대구와 같은 한류 어종의 콜라겐은 10℃에서 녹으며, 난류 어종의 콜라겐은 이보다 훨씬 높은 25℃에서 녹는다. 지방도 한류에 사는 물고기는 액체인 불포화지방이 많고 난류에 사는 것은 고체인 포화지방이 많다. 그런데 오징어와 문어의 콜라겐은 생선 콜라겐에 비해 교차 결합된 콜라겐이 많으므로, 연체동물의 젤라틴을 완전히 녹여 내기 위해서는 80℃ 정도에서 장시간 익힐 필요가 있다.

젤라틴은 젤리의 원료로 많이 사용되는데 미국과 유럽의 공장에서 생산된 젤라틴은 대부분 돼지 껍질로 만든다. 가정에서 하는 것보다는 공장에서 추출하는 것이 훨씬 더 효율적이고 젤라틴 사슬에 가해

278   감칠맛

지는 손상도 적다. 희석한 산성 용액에 돼지 껍질을 18~24시간 담가서 콜라겐의 교차 결합을 해체한 다음, 처음에는 55℃로 시작해서 90℃가 될 때까지 여러 번 물을 갈아 주면서 추출한다. 저온에서 추출하면 손상되지 않은 젤라틴 분자들이 더 많이 들어있어서 가장 강력한 겔이 나오며 색상도 가장 밝다. 온도가 높아질수록 젤라틴 분자들이 더 많이 손상되어 누렇게 변색 된다. 젤라틴 품질은 '블룸값'으로 표시하며 블룸값이 높은 것이 겔화능력이 크다.

젤라틴 사슬들을 작은 조각들로 분해해 아예 겔로 변하지 못하게 만드는 단백질 소화효소가 들어 있는 과일들(파파야, 파인애플, 멜론, 키위)도 많다. 이런 원료를 쓸 때는 가열하여 효소의 활성을 제거해야 한다. 일부러 젤라틴을 가수분해한 것은 겔을 형성하지 못하고 유화제로 쓰기도 한다.

인산을 첨가하면
고기의 보습성이
좋아지는 이유

인산염은 고기의 품질을 바꿀 수 있는 원료다. 사람들은 인산염 하면 콜라의 인산염이 뼈를 녹인다는 유언비어나 '인산염에 불린 오징어 채 유통!'과 같은 기사를 보고 나쁜 식품첨가물로 생각하는 경우가 많다. 그런데 인산은 우리 몸에 칼륨, 나트륨, 칼슘 다음으로 많이 필요한 필수 미네랄이다. 칼슘은 양이온이라 뼈로 결정화되려면 반드시 음이온이 필요한데 우리 몸에 칼슘과 결합해 뼈를 구성하는 음이온이 인산이다. 세포 안에서 가장 많이 필요하고 열심히 일하는 것도 인산이다. ATP가 아데노신에 인산이 3개 결합한 형태인데, 인산이 결합을 붙었다 떨어졌다를 반복하면서 모든 생명의 활동에 필요한 에너지를 제공한다. 그 양이 1분에 40g, 1시간이면 2.4kg이어서 매일 자신의

감칠맛

체중만큼 ATP를 사용하는 것이다. 그것을 보충하기 위해 우리는 매일 그렇게 많은 음식을 먹는다. 인산이 그렇게 정말 쉬지도 않고 작용하기에 우리가 살아갈 수 있는 것이다.

체내 칼슘의 99%는 뼈에 있고 1%만 혈액에 녹아서 활용되는데 인은 무려 20%나 인산의 형태로 세포 안에서 열심히 활동하고, 심지어 생명의 설계도인 유전정보도 핵산(인산)의 형태이다. 모든 세포의 핵 속에는 크기(지름)가 2나노미터에 불과하지만 한 줄로 풀면 그 길이가 2m나 되는 DNA가 들어 있다. 이 DNA의 뼈대가 인이다. 우리 몸속에 30조가 넘는 세포가 있으니 60억 km의 인산 사슬이 들어 있는 셈이다. 그리고 세포막도 인지질로 되어 있다. 인이 없으면 세포막이 만들어지지 않고, 세포막이 없으면 모든 물질이 빠져나가 죽게 될 것이다. 인은 이처럼 정말 다양한 기능을 하므로 미네랄의 여왕이라고 해도 전혀 손색이 없을 것이다. 이런 인산은 고기를 풀어지게 하는 역할을 한다. 칼슘이 응고 즉 경직되게 하는 역할을 한다면 인산염은 알칼리성이고 단백질을 풀어지게 하여 많은 수분을 흡수하여 탱탱하고 탄력 있는 식감을 만든다. 그래서 치즈나 육가공에 중요한 역할을 한다.

3장

소고기 vs 돼지고기

소고기가
귀한 대접을 받은 이유

우리가 먹는 고기는 대부분 소고기, 돼지고기, 닭고기다. 과거보다 양은 많아졌고 종류는 단순해졌다. 그중 소고기가 과거부터 가장 비싸고 고급스럽다는 인식이 있다. 소는 농사나 운송 등 노동력의 다양한 용도로 사용되었기 때문에 소고기를 먹는다는 것은 사치스러운 일로 통했고, 지금도 비싼 편이다. 우리나라 사람은 예로부터 소의 모든 부위를 다 먹었다. 전 세계적으로도 소고기를 가장 세밀하게 분류하고 활용하는 편이다.

소고기는 크게 풀을 먹여 키운 그래스 페드(Grass-fed)와 곡류를 먹여 키운 그레인 페드(Grain-fed)로 나뉜다. 과거라면 주로 풀을 먹여 키웠겠지만 지금은 영양이 강화된 사료를 많이 먹인다. 풀을 먹인 소고기는 지방이 비교적 적어 담백하고 칼로리가 낮으며, 지방에는 공액리놀레산, 오메가-3 지방산, ALA, EPA, DHA가 더 풍부하다. 구이로 요리했을 때 일반적으로 마블링이 적어 더 **뻑뻑**하고 질긴 느낌이 들지만, 충분한 영양을 주고 잘 관리하면 더 좋은 품질의 고기를 얻을 수도 있다.

곡물 사료는 주로 옥수수, 콩이 추가된다. 풀보다 칼로리가 높아 남는 열량이 지방으로 축적되어 마블링이 풍성해져 고소한 맛과 부드러운 식감을 낸다. 그래서 그레인 페드를 선호한다. 최근 마블링이 많고 부드러울수록 고급이라는 인식이 강하다 보니 곡물사료를 공급하고 매우 좁은 축사에 가두고 움직이지 못하게 하여 콜라겐 등의 조직이 발달하는 것을 막기도 한다.

마블링이 많은 것이 좋은 고기인지에 대해서 의문을 표하는 사람도 많다. 스테이크의 부위로 안심을 선호하거나 그 익힌 정도의 레어를 선호하는 사람일수록 지방이 많은 그레인 페드의 선호도가 떨어지며, 오히려 살코기 비중이 높은 그래스 페드를 선호하게 된다. 스테이크나 바비큐용이라면 지방이 적어도 충분한 것이다. 한국 요리, 특히 국물 요리에는 지방이 필요하다. 지방에서 구수한 맛이 난다. 부드럽고 고소한 맛을 위해 마블링을 늘리는 쪽으로 개량된 품종은 지방과 살코기가 거의 반반일 정도로 지방이 너무 많아서 요리에 따라 문제가 될 수 있다. 기름을 걷어내야 하는 국물 요리나 비계를 제거하는 불고기용으로는 버리는 부위가 너무 많으며, 숯불에 직화로 로스구이를

감칠맛

할 때면 많은 기름이 숯에 떨어져서 불이 날 수도 있다.

블랙 앵거스나 뉴질랜드산 소의 경우 풀 위주로 먹여 키우면 지방에서 특유의 풍미가 있는데, 이를 싫어하는 사람도 있다. 마냥 풀만 먹이면 원하는 맛의 고기가 안 나오기 때문에 오스트레일리아나 뉴질랜드 등의 풀밭에 방목하여 소를 키우는 나라에서도 출하 3~6개월 전부터 곡물사료를 먹여가며 고기의 마블링을 늘린다. 소의 활동량이 많을수록 콜라겐이 발달하여 고기일수록 질기고 냄새가 강해지므로 활동량이 제한되는 좁은 축사에서 키운다. 자유방목 소도 어린 송아지일 때만 초원에 풀어 놓고, 도축 1~2년 전부터는 축사로 옮기는 경우가 많다.

고기를 구울 때는 부위 및 상태별로 요령이 필요하다. 근내지방이 별로 없는 안심과 채끝은 두툼하게 썰어서 강불로 살짝 겉면을 굽고, 속은 설익혀서 육즙을 많이 남기는 것을 선호한다. 근내지방이 많은 등심은 얇게 썰어서 중불로 육즙이 고기 표면으로 올라올 때까지 굽고 뒤집어 속까지 익혀서 지방조직을 충분히 녹여줘야 육질이 부드럽고 풍미가 좋다. 약불에 오래 익힌 소고기는 질겨지고 맛이 떨어지기 쉬운데 그렇다고 무조건 강불에 설익혀 먹는 것도 바람직하지 않다.

역사적으로 소고기는 돼지고기보다 기생충의 감염 위험이 낮아서, 조금 덜 익혀 먹는 편이고, 생고기로 먹는 경우도 많았다. 그래서 지금도 육회는 소고기로 만든다는 생각이 많다.

3-2 돼지고기가
박한 대접을 받은 이유

마릿수 기준으로는 닭고기가 가장 많이 도축되지만, 중량 기준으로는 세계에서 가장 많이 소비되는 육류는 돼지고기다. 우리나라도 마찬가지다. 여기에는 소고기보다 높은 사육 효율이 한몫한다. 1990년 미국 농무부의 연구 기준으로 귀뚜라미는 섭취한 칼로리의 59%를 고기로 전환하고, 닭은 50% 이상, 잉어 등의 어류는 50% 이하, 돼지는 25%를 전환시키는 데 소는 고작 14% 정도만 고기로 전환된다. 다른 연구에서는 돼지가 35%, 소가 6%로 추정하여 차이가 더 크다. 따라서 대부분 지역은 소고기보다 싼데 몇몇 국가에선 사육환경 및 식문화의 차이로 돼지고기가 더 비싸게 팔리기도 한다.

과거 수돼지는 냄새 때문에 좋은 대접을 못 받았다. 특히 성숙기가

감칠맛

된 수퇘지는 '웅취'라는 별도의 말이 있을 정도로 냄새가 심했다. 특히 수컷 멧돼지는 냄새가 심해서 식용으로는 상당한 무리가 있다. 트립 토판이 분해되면서 만들어진 스카톨인데, 돼지의 남성 호르몬인 안드로스테논이 간에서 분해를 억제하여 점점 지방층에 스카톨이 축적된다. 이를 막기 위해 생후 2~3주가 된 어린 수퇘지에게 중성화 수술을 하거나 주사로 남성 호르몬 분비를 완전히 정지시켜 간에서 스카톨을 분해하지 못하도록 하는 것이다.

이것을 제외하면 쇠고기와 비교해도 향이 강하지 않은 편이다. 복합조미료에 쇠고기 맛이 존재할 정도로, 쇠고기를 물에 넣고 삶으면 어느 정도 특유의 구수한 국물이 만들어지고 돼지고기는 밍밍한 편이다. 역설적으로 돼지고기는 고유의 풍미가 약한 덕분에 온갖 양념과 요리에 잘 어울린다. 돼지고기는 양념 및 부재료의 선택폭이 훨씬 넓은 것이다.

요즘 한국인이 돼지고기하면 제일 먼저 떠올리는 부위가 바로 삼겹살이다. 국내에서 생산하는 양으로는 수요를 감당하기 힘들어 많은 나라에서 삼겹살을 수입할 정도인데, 불과 30~40여 년 전만 해도 삼겹살은 인기 있는 부위가 아니었다. 돼지갈비가 가장 인기가 있었고, 소불고기를 모방해 만들어진 돼지불고기가 그다음 순위였다. 삼겹살은 탄광 노동자들이 소위 목에 기름칠하여 먼지를 제거하기 위해 먹는 고기 정도에 불과했다. 이후 1980~1990년대 들어 대중화되고 인기몰이하게 되었다. 당시에는 가격도 더 저렴했다. 우리가 이처럼 기름이 많은 부위를 즐길 수 있게 된 것은 오래 전이 아니다. 예전에는 고등어 등 기름기 많은 고기는 설사를 유발하기 쉬웠다.

돼지고기는 조선시대에도 쇠고기에 비해 대우가 좋지 않았다. 성질이 냉하므로 많이 먹으면 나쁘다거나 한약의 효과를 없앤다거나 하는 등 경계하는 내용이 많았다. 다른 여러 나라에서도 돼지고기를 천대하는 경우가 많았는데 마빈 해리스의 저서 〈문화의 수수께끼〉에 따르면 특히 물이 부족한 사막 지역을 중심으로, 돼지는 곡류를 먹여서 키워야 하는 관계로 인간의 식량을 축냄으로 천대받았다고 한다.

현재 돼지고기 생산량이 가장 많은 곳은 중국이다. 전 세계 돼지고기의 절반 정도를 생산한다. 압도적으로 소비량은 많은 나라도 중국이다. 그래서 많은 돼지고기 수입한다. 심지어 돼지를 키우기 위해 콩도 가장 많이 수입한다. 지금은 중국 요리에 돼지고기가 빠질 수 없고, 오래전부터 돼지를 애용했다고 생각하기 쉽다. 하지만 과거 송나라 시기까지는 돼지고기에 대한 인식이 좋지 않았으며, 빈민층이나 먹는 음식이었다고 한다. 상류층은 보통은 양고기, 쇠고기, 사슴고기 같은 것을 즐겼고, 돼지고기는 개고기, 말고기와 더불어 싸구려 고기의 대표격으로 평소에 일상적인 끼니에서는 먹더라도 손님상이나 잔

감칠맛

칫상등에는 절대 올리지 않았으며, 만약 올린다면 모욕과 다름없이 여겨질 정도였다고 한다.

돼지고기는 명나라 들어서야 인기를 얻는다. 명나라를 건국한 주원장은 고아가 되어 유리걸식(流離乞食)을 하거나 자질구레한 일들을 하며 살았다. 그 시절에 겨우 아사를 면하게 해줬던 돼지고기의 맛을 황제가 되어서도 결코 잊지 못하여 수라상에 자주 올리도록 요구했다. 이때부터 돼지고기의 조리법이 급속도로 발전하기 시작했다. 황제의 수라상에 영향을 받은 명나라 상류층에 돼지고기를 즐겨 먹은 음식문화 확산은 청나라로 이어진다. 말갈−여진−만주족 그리고 부여−고구려−발해 등은 광활한 냉대림에다가 돼지를 방목하고 살았던 전통을 공유해서 인지 제천의식에 돼지를 제물로 쓰는 등 돼지고기를 좋아했다.

돼지는 깨끗한 것을 좋아한다. 들판의 도토리 등 온갖 열매와 구근, 버섯, 소형 동물, 곤충 등을 먹고 자연에서 자란 깨끗한 외모와 향취를 가진 돼지는 다른 가축에 비해 위생적으로 떨어지지 않았다. 특히 도토리로 키운 이베리코 돼지고기가 고급으로 여겨진 것에 그러한 이유가 있었다. 돼지가 상수리나무의 열매, 즉 도토리를 매우 좋아하고 도토리를 먹어서 키운 돼지는 맛도 아주 좋다고 한다.

그런데 많은 경우 돼지는 아주 비위생적으로 키워졌다. 뒷간 밑에 돼지우리를 설치하는 형태로, 온갖 대변과 소변을 맞으면서 살고, 오물 투성이의 좁은 공간에 가둬 고기에 온갖 냄새가 배어들었다. 아무리 위생관념이 적고 비위가 훨씬 덜 민감했던 과거에도 이것을 좋게 생각할 수 없을 것이다. 더구나 멧돼지과에 속하는 우제류(偶蹄類, Artiodactyla)는 땀구멍이 얼마 없어서 진흙이나 흙탕물 같은 곳에서 몸을 구르는 습성이 있다. 이슬람교와 유대교를 믿는 중동과 북아프리카 지역 국가들은 대체로 워낙 건조하고 더운 편이라서 사람이나 가축이 마시거나 농사지을 물도 부족하다. 덥고 물이 부족한 곳에서 키워진 돼지는 배설물 더미에 뒹굴어서라도 열을 식힐 수밖에 없다. 그리고 돼지는 부산물도 별로 없다. 다른 동물은 농사, 운반, 젖, 털과 가죽 등 다양한 부산물이 나오지만, 돼지는 고기말고는 별로 쓸모가 없다. 그러니 돼지를 키우거나 먹는 터부가 많이 등장할 수밖에 없었을 것이다.

지금은 돼지고기도 매우 위생적이다

과거 우리나라는 돼지고기만큼은 잘 익혀 먹어야 한다고 생각했다. 그리고 이런 방식은 삼겹살과 같이 많은 지방층과 고기층이 잘 섞인 (이른바 '마블링이 뛰어난') 고기의 요리에는 잘 어울린다. 고기 사이사이로 지방질이 잘 스며들어 있으면 아무리 익어도 사이사이에 존재하는 지방질 때문에 퍽퍽하지 않고 맛있게 먹을 수 있다. 하지만 고기와 지방층이 따로 있는 고기는 너무 익히면 지방은 지방대로 여전히 물컹

감칠맛

대고 고기는 과잉 조리되어서 퍽퍽해진다.

지금 돼지고기는 위생적 환경에서 사료를 먹여 키우기 때문에 기생충 걱정은 사라져, 소고기보다 더 익혀먹을 필요는 없다. 고기의 조건에 따라 적합한 방식으로 익히면 된다. 살코기가 많은 돼지고기라면 소고기 정도만 익혀서 먹으면 된다. 한편 돼지고기는 요리사들이 팬으로 조리할 때 제대로 굽기 힘든 고기라고 한다. 고기가 잘 구워졌는지의 판단은 흔히 고기의 색으로 판단하는데 돼지고기는 색 자체가 흰 편이라 익은 정도를 구분하기 힘들다는 것이다.

고기를 술에 재워두면 고기가 부드러워진다고 하는데 알코올이 고기의 주성분인 콜라겐을 용해하는 작용이 있기 때문이다. 와인에 재워두면 와인의 타닌 성분이 단백질과 결합하여 막을 형성하기에 수분 손실이 적어진다고 하는데 타닌이 단백질과 결합하는 것은 확실하지만, 수분을 구체적으로 붙잡을 정도인지는 불확실하다. 타닌이 도토리에 많은 것은 포식자의 소화효소(단백질)와 결합하여 먹지 못하게 하기 위함인데, 그런 도토리를 먹여 키운 이베리코 돼지고기가 최상급의 대접을 받으니 식물과 동물의 경쟁은 창과 방패처럼 끝없이 이어진다.

4장

닭은 참
고마운 동물이다

4-1 닭고기가 흰 이유

　닭은 지구상에 존재하는 눈에 띄는 동물 중에서 가장 많은 숫자를 차지한다. 세계적으로 매년 660억 마리, 우리나라에서만 10억 마리 정도가 사육되고 있다. 2위인 오리 26억, 3위 토끼 22억, 4위 돼지 13억, 5위 양 9억, 7위 소 4억 마리 보다 압도적으로 많다. 아직은 그 무게로도 1위는 아니지만 가장 빠른 속도로 소비가 늘기 때문에 양으로도 확실한 1위가 될 가능성이 높다. 그런데 이처럼 닭고기가 인기를 끌게 된 배경은 무엇일까?

　닭고기의 인기에는 여러 요인이 있지만 적색육에 대한 경계심도 한몫한다. 미국인은 1900년도 초만 해도 소고기를 가장 많이 소비하고, 다음이 돼지고기였다. 닭고기는 소고기의 1/5도 되지 않았다. 그러다 비만과 성인병이 증가하자 적색육이 그 원인의 하나로 지목되었다. 소, 말, 돼지, 양 등 많은 동물의 고기는 붉은색(적색육)인데 닭고기는 백색육이다. 그래서 특히 1980년대 들어서 소고기는 급격히 감소하고 닭고기는 그만큼 늘어서 미국에서도 가장 많이 소비되는 고기가 닭고기가 되었다.

대부분의 육고기가 붉은색인 것은 헤모글로빈 또는 미오글로빈이라는 색소 때문이다. 혈액의 핵심적인 기능이 몸 속 골고루 산소를 공급하는 것인데, 그래서 헤모글로빈에느 철분이 함유되어 있다. 철분이 산소와 잘 결합하여 일반 물보다 60배나 많은 산소를 붙잡을 수 있기 때문이다. 적색육의 피를 다 빼도 여전히 붉은색을 띠는데, 근육세포 안에 있는 미오글로빈 때문이다. 미오글로빈은 헤모글로빈과 유사한 분자인데 근육 속에 존재하면서 산소를 비축하는 창고 역할을 한다. 사실 고기를 구울 때 나오는 붉은색의 액체는 피가 아니라 근육의 액체 안에 있던 미오글로빈의 색이다.

이에 비해 닭고기의 살은 희다. 그중에서 중량의 가장 높은 비율(30%)을 차지하는 가슴살이 특히 더 희다. 가슴살은 날개를 동작시키는 근육이므로 강력한 힘이 필요하고, 그만큼 산소 공급이 많이 필요할 것 같은데 왜 흰색일까? 그것은 닭을 포함한 꿩과 동물이 하늘을 나는 특성과 관련이 있다. 꿩들은 다른 새들처럼 오래 날지 않고, 순간적으로 일직선으로 100m 정도만 난다. 이런 순간적인 비행에는 산소를 이용할 틈도 없어서 무산소 호흡으로 이루어지므로 미오글로빈

감칠맛

은 필요 없고 강한 근육만 필요하다. 그래서 닭 가슴살의 색이 흰 것이다. 이에 반해 오리의 고기 색은 붉다. 오리도 가축으로 키우는 품종이라 닭과 비슷한 종이라고 생각하지만 오리는 장시간 비행을 하는 기러기목이라 근육에 미오글로빈이 많이 들어 있어 붉은색이다. 철분이 많아 붉은색을 띄는 적색육은 건강에 해롭다고 하는데 우리는 오리 고기를 닭고기보다 건강에 좋은 고기라고 생각하니 식품에 대한 세간의 평가는 정말 종잡을 수 없다.

새는 날개가 있지만 날고 싶어 하지 않는다

과거에 하늘을 자유롭게 나는 것은 새, 곤충, 박쥐 정도에 불과했고, 인류는 하늘을 자유롭게 나는 새들을 몹시 부러워했다. 지금은 비행기가 있고 로켓도 있어서 새들이 날 수 없는 높은 곳도 직접 또는 간접적으로 체험할 수 있어서 그 부러움이 많이 해소되었지만 오죽하면 밀랍으로 만든 날개를 달고 태양에 다가가려다 밀랍이 녹아서 추락사하는 이카루스의 전설이 있을 정도였다.

그런데 정작 새는 하늘을 나는 것을 그렇게 좋아하지 않는다. 천적이 없는 섬에서 사는 새는 곧잘 비행 능력을 잃어버린다. 그러다 키위나 도도새처럼 인간 같은 천적이 나타나면 금방 멸종이 되기도 한다. 닭은 타조나 펭귄처럼 전혀 날지 못하는 품종이 아니었는데 최근에는 더욱 품종이 개량되어 전혀 날지 못하는 새가 되었다. 인간이 가축으로 닭을 선택한 것이 다른 새에 비해 잘 날지 못하기 때문이었기는 하지만 날개를 진화시킨다는 것이 정말 쉽지 않은 일인데 새는 너무 쉽게 날기를 포기하기도 한다. 새가 날기 위해서는 단순히 날개만 있어서는 안 된다. 몸이 가벼워야 해서 군더더기가 없어야 한다.

닭은 공룡의 후손이다

새의 탁월함은 날개보다 호흡 효율에 있다. 호흡 효율이란 들이마신 공기가 허파에서 내쉬는 공기로 교체되는 비율을 말하는데 사람을 비롯한 포유류의 호흡 효율은 대략 30%에 불과하다. 즉 들이마신 공기의 30%밖에 활용하지 못한다는 뜻이다. 그런데 새의 호흡 효율은 거의 100%다. 들이 마신 산소를 전부 호흡에 활용하는 것이다.

포유류는 산소가 들어오는 통로와 나가는 통로가 겹치는데 새는 따로 분리되어 있어, 들어온 공기가 나가는 공기와 겹치지 않고 모두 허파를 통과하여 나가기 때문에 호흡 효율이 높다. 그래서 새는 인간이 산소통에 의지해야만 오를 수 있는 높은 산 위를 단숨에 날아간다.

이처럼 새의 산소 이용 능력이 탁월한 것은 날기 위한 것이 아니라 공룡이 등장한 중생대 초기 트라이아스기에는 대기 중에 산소 농도가 지금보다 훨씬 희박한 저산소시대였기 때문이다. 산소가 부족하니 그

296   감칠맛

것을 최대한 확보하고 효율적으로 이용하는 시스템이 필수적이었다.

공룡의 몸집이 큰 것도 그 시대에는 먹잇감이 특별히 풍부해서가 아니다. 오히려 생존을 위한 처절한 몸부림에 가깝다. 우리는 동물을 체온이 변하는 변온동물과 일정하게 높은 체온을 유지하는 항온동물로 나눈다. 항온동물은 항상 움직일 수 있는 자유를 얻는 대신에 체온 유지에 엄청난 칼로리를 소비해야 한다. 변온동물은 활동이 제한되는 대신에 칼로리 소비량은 적다. 공룡은 중온성으로 추정하는데, 칼로리를 소비해서 체온을 유지하는 것이 아니라 몸집을 키워 체온을 유지하는 것이다. 먹는 것을 체온 유지에 소비하지 않고 몸집을 키우는 데 활용할 수 있는 것이다.

닭이 공룡의 후손이라는 것은 닭똥집에서도 드러난다. 이것은 원래 닭의 모래주머니(똥집, 원래는 위)다. 조류는 치아가 없어서 씹지 않고 음식을 그대로 꿀꺽 삼킨다. 그 대신 평소 가끔 삼키는 작은 모래알 조각이 담아진 주머니를 이용해 음식을 으깬다. 어금니가 없는 용각류 공룡들은 어금니를 대신하기 위해 돌을 먹어 위 속에 넣어둔다. 이를 위석이라고 하는데, 공룡이 식물 등의 음식물을 먹으면, 위 안에 있는 돌들이 부딪치면서 맷돌처럼 음식들을 잘게 부수어 소화 작용을 도왔다. 그것이 조류의 모래주머니로 이어진 것이다.

닭은 지구의 지배자 공룡의 후손답게 산소를 잘 이용하고 빨리 자란다. 공룡이 기낭 호흡법을 개발한 것은 날기 위해서가 아니라, 당시의 저 산소 환경에서 효율적으로 산소 확보를 위해 만들어진 기능이었다. 산소를 잘 확보하고 잘 활용하기 때문에 활성산소의 생성은 적고 같은 몸집이면 새는 포유류보다 10배 정도 오래 산다. 새에게 정말 부러운 것은 하늘을 나는 날개가 아니라 탁월한 음식과 산소 활용 능력이다.

닭은 생산성마저 최고인 동물이다. 닭은 소나 돼지보다 키우는 면적도 사료도 훨씬 적게 필요하다. 소의 가식부위는 40%인데 비해 닭은 80%로 2배이고, 단백질 100g 생산에 필요한 면적이 소가 164㎡이라면 닭은 7㎡으로 1/20이 안되고, 고기 1kg 생산에 필요한 사료가 소 25kg에 비해 닭은 3kg으로 1/8이다. 고작 사료 3으로 고기 1을 얻는 압도적인 효율이다. 소는 단백질 100g 생산 시 발생하는 온실가스(CO_2)가 50kg으로 닭 6kg의 8배가 넘고, 필요한 물의 양도 2배 이상 많다. 지금의 닭고기를 소고기로 대체하면 그만큼 많은 사료와 물 그리고 공간이 필요하고 환경에 대한 부담은 커지는 것이다.

닭은 공룡의 후손이라 그런지 사료 대비 고기 효율이 높은데 그 효율을 더욱 끌어올린 것은 현대 과학과 육종의 기술이다. 1950년대부

감칠맛

터 선택적 교배를 통한 품종개량으로 닭의 크기가 많이 커지고 사료 효율도 좋아졌다. 개량된 닭이 훨씬 효율적으로 섭취한 먹이를 닭가슴살로 비축하여 가슴살 변환 비율은 2005년 품종이 1950년대 품종보다 3배 더 높았다고 한다. 크기는 2배에서 최대 4배, 자라는 속도도 매우 빨라졌으며 같은 양의 고기를 얻기 위한 사료는 절반으로 적어졌다. 닭은 1마리 키우는 데 몇 주면 충분해진 것이다.

우리나라는 삼계탕, 치킨처럼 닭을 통째로 먹는 경우가 많아 한 마리 요리가 쉬운 작은 닭을 선호한다. 닭가슴살 같은 부분육을 많이 생산하는 나라는 닭을 좀 더 키우지만 우리는 워낙 한 마리를 통째로 요리해서 먹는 비중이 높아 다른 나라보다 닭을 빨리 잡는다. 닭의 생산성이 이렇게 높아진 덕에 1960년에 비해 2004년 닭고기 가격은 다른 물가와 비교하면 절반 수준이 되었다. 가격 경쟁력이 높아지면서 소비가 더욱 늘어난 것이다. 닭은 종교적 터부도 적고, 도축이 쉽고, 저렴하여 아시아나 아프리카 어디를 가도 길거리 음식으로 인기가 있다. 그런 닭이 사라지면 경제력이 약한 저개발 국가 사람들은 건강에 문제가 생길 수도 있다.

닭의 나라 프랑스, 치킨 공화국 대한민국

200년 전 프랑스의 미식가 브리야 사바랭은 "요리사에게 닭고기는 화가의 캔버스 같은 존재"라고 말했다는데. 닭은 프랑스의 상징이자 국조(國鳥)이기도 하다. 우리나라가 치킨공화국이라고 하지만 닭에 대한 애정은 프랑스에 비해 한 수 아래다. 프랑스 사람들은 우리가 소고기를 살 때 부위와 산지 그리고 등급을 따지듯이 닭고기를 따진다. 국물 낼 때 쓰는 닭과 요리할 때 사용하는 닭을 구분하여 암탉은 고기로 먹는 대신 치킨스톡을 내는 데 쓰고, 특정 요리를 할 땐 특정 사이즈의 거세한 수탉을 써야 하는 등 매우 까다롭게 닭을 고르고 토종닭만 무려 40여 종에 이른다고 한다.

닭의 요리도 섬세하다. 고기의 식감은 근육과 콜라겐의 비율의 역할이 크다. 껍질이나 다리 살에는 콜라겐이 많아 질긴데, 콜라겐을 젤라틴으로 녹여 연하게 익히려면 70℃ 이상에서 장시간 조리해 주어야한다. 그런데 그런 온도에서 장시간 가열하면 근육조직은 완전히 변성된다. 닭가슴살은 지방도 없고 단백질만 많은데 조리 시간이 길어지면 단백질이 완전히 변성되어 수분은 빠져나가 퍽퍽하고 질기게 된다. 찜닭이나 닭도리탕을 할 때면 적당한 타이밍에서 닭가슴살 부위만 먼저 건져내었다가 닭다리 등 충분한 가열이 필요한 부위가 거의다 익었다고 판단되면 그때 가슴살을 다시 넣고 마무리하는 것이 좋다. 프랑스 사람은 닭요리를 할 때면 항상 그런 식이라고 한다. 그만큼 닭을 섬세하게 구분하고 다룰 줄 아는 것이다.

우리는 치킨을 시킬 때 양념을 따지고 닭의 무게나 품종을 따지지않는다. 그리고 한 마리를 한꺼번에 통째로 요리한다. 그렇게 만든 대한민국 치킨이 세계에서 가장 맛있는 치킨이라 칭송받는다. 양념과튀김의 기술로 재료의 한계를 극복한 것이다. 과거에 닭은 조림, 백숙, 삼계탕에 많이 쓰였는데 후라이드치킨의 등장 이후 어느새 튀김이 대세가 되었다.

튀김은 고온에서 단시간 조리되기 때문에 닭의 물리적 형태가 중요하다. 큰 닭보다 작은 닭이 두꺼운 부분과 얇은 부분이 차이가 작아서튀기기 쉽다. 만약에 큰 닭을 사용하여 튀기다 속에 피가 보일 정도로덜 익은 부위가 생기면 심한 클레임의 대상이 될 텐데 작은 닭은 그럴염려가 별로 없다. 치킨을 작은 닭을 쓰고 더 작게 조각내면 식감과 맛은 더 균일해지는 것이다.

사실 고기 자체는 지금보다 좀 더 키우는 것이 육향도 좋고 경제성도 좋을 텐데, 후라이드치킨에 특화된 우리나라 실정과 육계 시스템 그리고 육종과 대량 사육으로 질병에 약해진 닭의 특징 그리고 무게보다는 마리, 부위별 소비보다는 한 마리 전체를 조리한 것을 좋아하는 습관이 결합하여 빠르게 작은 닭을 선호하는 시장이 되어버린 것이다.

더구나 우리는 닭을 사바랭의 말처럼 흰 종이처럼 활용하기 때문에 고기의 육향이 별로 중요하지 않다. 후라이드 치킨은 튀김 과정에서 만들어진 향과 양념이 부족한 육향을 덮기에 충분하다. 사실 향이 강한 음식은 자주 또는 많이 먹기 힘들다. 고기 자체의 풍미가 너무 강하면 다량으로 먹기 부담스러워진다. 우리는 닭고기의 풍미와 개성이 약하기 때문에 자주 먹을 수 있고, 양념 또는 다른 식재료와 궁합을 맞추기 쉬워진다. 사실 소나 돼지고기 요리에서 '고기 냄새가 안 난다'고 하는 것을 큰 자랑으로 여기기도 한다.

감칠맛

4-3 닭의 지방은 간과 껍질에 많다

우리는 왜 닭을 튀겨먹을까? 아마도 닭의 지방 비축의 방법과 관련이 깊은 것 같다. 닭은 지방이 15~20%인데, 대부분(90%) 껍질에 있다. 지방은 가볍고 단열성이 뛰어나 체온 유지에 유리하고, 방수성이 뛰어나 물에 덜 젖게 하고, 상처 보호에도 유리하다. 닭은 지방을 가급적 껍질에 비축한다. 닭 껍질은 근육과 쉽게 분리할 수 있으므로, 닭 껍질을 제거하면 고단백의 살코기를 쉽게 얻을 수 있다. 그런데 우리나라는 이렇게 지방을 제거한 부분육보다는 소형 닭을 통째로 요리한 삼계탕이나 후라이드치킨 같은 것을 훨씬 좋아한다. 그것이 더 맛있기 때문이다.

고기의 맛은 지방에 있다. 칼로리를 줄인다고 닭 껍질을 전부 빼고 닭을 튀겨보거나 육수를 만들어보면 알 수 있다. 지방을 줄이니 느끼함이 줄어든 것이 아니라 풍미가 확 떨어진다. 닭기름 자체는 전혀 매력적이지 않지만 가열했을 때 지방에서 만들어지는 향기 성분이 고기의 풍미에 결정적이기 때문이다. 닭고기뿐 아니라 소고기와 돼지고기도 생고기는 별 다른 풍미가 없다. 가열하면 메일라드 반응으로 온갖 향미 물질이 만들어지는데 고기에 소량 포함된 당류와 황을 포함한 아미노산 그리고 지방이 결정적인 역할을 한다. 그것들이 반응해 온갖 향기 물질이 만들어지는 것이다. 소기름(우지), 돼지기름(돈지), 닭기름(계지)이 풍미의 핵심이다.

닭을 180℃가 넘는 기름에 넣고 튀기면 겉부터 온도가 빠른 속도로 올라간다. 닭은 겉 부분인 껍질에 지방이 많다. 만약, 지방이 고기 안쪽에 많다면 그 부분은 온도가 별로 올라가지 않아 풍미에 기여하지 못할 텐데, 닭은 구조 자체가 튀겼을 때 가장 효율적으로 풍미가 만들어지는 구조를 가지고 있다. 튀김이 효과적인 까닭이다. 그중에 날개는 껍질의 비율이 높아 고소하고, 콜라겐 함량이 높아 가열하면 부드럽고 쫄깃한 탄성을 가지게 된다.

닭고기에는 100g당 0.4g(가슴살), 15.2g(날개)의 지방이 있고 소고기의 지방은 살(근육) 사이에 고루 퍼져 있다. 이에 비해 닭고기는 껍질 바로 밑에 지방이 몰려 있다. 백숙이라면 맛이 없던 껍질이 튀기면 맛있어지는 것이 이런 지방 때문이다. 닭고기 지방은 껍질만 벗기면 간

감칠맛

단히 제거할 수 있다.

철새는 이동 전에 에너지원으로 많은 지방을 축적해야 하는데, 이 때 지방을 축적하는 부위는 간이다. 포유류는 합성한 지방을 근육이나 내장 사이에 축적하는데, 오리나 거위는 간 속에 균일하게 축적하는 경향이 있다. 사람도 영양이 과잉이면 간에 지방이 축적되는 지방간 현상이 나타나는 경우가 있는데, 조류는 그 정도가 차원이 다르다. 오리가 가을이 되면 대량의 먹이를 먹어 간에 축적하는 것을 발견한 인간은 강제로 음식을 먹여 간을 키우는 사육법도 개발했다. 푸아그라가 그것인데 조류는 어차피 씹지도 않고 음식을 먹으므로 깔때기로 강제로 사료를 먹여서 원래는 200g이 넘지 않을 간을 10배나 부풀려야 1.5~2kg이 되게 키운다. 오리 한 마리에 2kg의 간은 상상하기 힘든 크기이기도 하다. 지방이 많으므로 매끄럽고 고체도 액체도 아니고 끈적임도 없이 입속에서 무너지는 식감이 특징이라 고급 식재료로 사용하기도 한다.

4-4 닭이 먼저일까?
달걀이 먼저일까?

    닭은 고기를 위한 것이 아니라 달걀을 위한 것이었다. 인류는 농경이 시작되면서 주로 달걀을 얻기 위해서 닭을 가축화하기 시작했다. 닭고기를 얻기 위해 대량으로 사육되기 시작한 것은 얼마 되지 않는다. 우리나라는 1970년만 해도 1인당 한 해 달걀 소비량이 70여 개였다. 그러다 1980년 100개를 돌파하더니, 1990년 167개, 2010년 236개로 늘었다. 그런데 미국은 1940년도에 벌써 400개가 넘는 달걀을 먹었으나 이후 계속 감소하였다. 달걀에 콜레스테롤이 많다는 이유로 독극물처럼 비난했기 때문이다.

    하지만 콜레스테롤은 우리 몸에 가장 열심히 합성하는 다양한 용도의 유기물이고, 콜레스테롤을 먹는다고 콜레스테롤이 늘지도 않는다. 하여간 산란계는 태어난 지 약 150일 정도가 지나면 첫 달걀을 낳기 시작하여 1년에 200여 개의 알을 낳는데, 알을 300개 쯤 낳고 죽는다. 육계보다는 오래 살지만 2년을 넘기지 못하는 것이다. 자연의 상태라면 10년 이상 살 수 있는 닭이 거의 매일 알을 낳다가 제 수명을 누리지 못하고 죽는 것이다. 닭이 날마다 알을 낳은 것은 1개의 알을 품어 부화하기보다는 12개 정도를 채워서 알을 품으려 하기 때문이다. 날마다 하나의 알을 낳아도 인간이 날마다 달걀을 가져가 버리기 때문에 품지 못하고 계속 낳는 것이다. 달걀은 온갖 요리의 재료로 사용할 뿐만 아니라 인플루엔자 백신을 만드는 원료로 사용하기도 한다.

　닭은 오랫동안 우리의 조상인 포유류를 핍박하면서 지구를 지배했던 공룡의 후손이다. 조류는 먹이와 산소가 부족했던 시기를 견딘 공룡의 후손답게 산소활용 능력과 사료를 단백질로 전환하는 능력이 탁월하고, 그만큼 인간에게 저렴하면서 친환경적인 고기(단백질)를 제공한다. 대체육이 친환경적이라 하지만 가공에 많은 에너지와 비용이 들고, 곤충이 대안이라 하지만 아직 대중화되지 않았고, 대중화를 할 때는 알레르기와 같은 복병을 만날 수도 있다.

　우리나라가 가장 친환경적인 닭을 이용하여 세상에서 가장 맛있는 후라이드 치킨을 만들었다는 것은 소고기 스테이크를 가장 잘 굽거나, 돼지고기 요리를 가장 잘하는 것보다 훨씬 자랑스러운 일인 것이다.

5장

고기의 향기 성분과
감칠맛

5-1 고기 향의 역할

향기 물질은 식품의 고작 0.1%를 차지하지만, 그것이 무엇인지를 알려주고, 여러 가지 영향을 준다. 향을 통해 그것이 무엇인지 알려주는 것의 의미는 라면 같이 너무나 일상적인 식품에도 반드시 조리에 사진이 있는 것을 보면 알 수 있다. 무엇인지 알아야 불안하지 않고 그 맛을 제대로 느낄 수 있다. 후각의 역할을 이 책의 주제가 아니지만 커피의 단맛은 실제 당류에 의한 것이 아니라 향에 의한 것이고, 향은 단맛뿐 아니라 짠맛 감칠맛에도 영향을 준다는 것은 알 필요가 있다. 간장의 향이 진하여 저절로 더 짜게 느낄 수 있는 것이다.

2,5-디메틸피라진, 2,3,5-트리메틸피라진, 2-아세틸퓨란, 2-에틸헥산올, 1-옥텐-3-올, ethyl lactate, 4-에틸-2-메톡시페

놀 등이 감칠맛을 높이는 역할도 한다는데 그 농도는 2-아세틸퓨란은 1ppb, 2-에틸헥산올은 1ppb, 1-옥텐-3-올은 100ppb, ethyl lactate는 10ppm, 4-ethyl-methoxybenzene은 1ppb 정도이다. 미각은 어느 정도 일관성이 있지만 향은 워낙 변덕스러워서 여러 향기 물질이 영향을 줄 수 있다는 정도로만 이해하면 될 것이다.

고기 느낌을 주는 대표적인 물질이 설퍼롤(4-methylthiazole-5-ethanol, Sulfurol)과 그것의 파생물이다. 설퍼롤은 티아졸에서 분해된 것인데 흥미로운 점이 같은 배치에서 생산된 것도 어떤 때는 고기 느낌이 더 강하고 어떨 때는 우유 느낌이 더 강하다고 한다. 설퍼롤 자체는 냄새도 약하고 특징도 없는데 제조나 숙성 중에 만들어지는 미량의 불순물로 그 특징이 달라지는 것이다.

고기에서 MFT(2-methylfuran-3-thiol)와 그것의 파생물이 중요하다. 이들은 냄새가 강해 자체로는 유쾌하지 않고 희석해야 더욱 고기다운 느낌이 난다. MFT가 2개 결합한 bis(2-Methyl-3-furanyl)disulfide는 역치가 매우 낮고, 더 쉽게 풍부한 숙성 쇠고기, 프라임 갈비 느낌을 준다. 티오에테르는 더 구운 특성이 있고 다른 싸이올도 쇠고기 특성이 있다.

고기취에서 12-메틸트라이데카날12-(methyltridecanal)도 중요하다. 이것은 특정 동물의 페로몬으로도 작용하는데 소지방에서도 발견되며 소의 반추위에 있는 미생물에서 유래한 것으로 보인다. 장에 흡수되어 소고기를 스튜처럼 장시간 가열할 때만 방출된다. 고기를 잠깐 굽는다고 이 물질이 방출되지 않는다. 따라서 이 물질이 굽거나 튀기 소고기와 삶거나 조린 쇠고기 맛의 차이를 만든다.

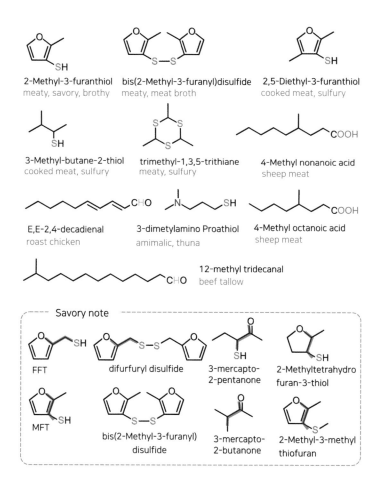

고기 종류별 향기 성분

소고기향 Beefy note

소고기향에서 가장 중요한 것은 MFT(2-methyl-3-furanthiol)
다. 이것은 다른 메일라드 반응물에서도 중요한데, 구울 때 28mg/
kg 생성된다. 돼지고기(96mg)보다 작고 양고기 4.56mg, 치킨
6mg 보다 많다. 이것 2분자가 결합한 이황화물(bis(2-Methyl-3-
furanyl)disulfide)도 중요한데 강한 고기향과 로스팅향을 낸다.
2-Methyltetrahydrofuran-3-thiol(THMFT)은 새이버리, 육수 느낌
을 주고, 2-methyl-3-methylthiofuran도 부드러운 소고기 느낌을
준다.

감칠맛

소고기에서도 커피의 핵심적인 향기물질의 하나인 퍼퓨릴싸이올FFT와 그것으로부터 파생된 향기물질이 중요하다. 구운 소고기에 42mg/kg, 돼지고기에 10mg, 양고기에 14mg, 삶은 닭고기에 2.4mg 정도 생긴다. 3-mercapto-2-pentanone도 중요한 향인데 73mg/kg가 생기며 돼지고기(117mg)나 닭고기(100mg) 비해서는 적게 생긴다.

고기별로 품종이나 지역에 따라 향이 다른데 일본 소고기의 경우 특히 락톤류가 많다고 한다. γ-nonalactone, δ-dodecalactone 같은 것이다. 이들과 더불어 지방취를 갖는 알코올류와 알데히드류, 버터 향기의 디아세틸과 아세토인 등이 쇠고기 향기에 기여하는 것으로 추정된다.

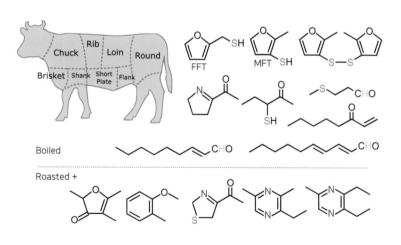

• 소고기의 향기 성분 •

meaty dithiane(Mercapto propanone dimer)는 닭 국물 느낌이 강하고 E,E-2,4-decadienal은 닭 지방을 연상시킨다. MFT도 닭고기에서 발견되었지만, 이것의 디설파이드(bis(2-Methyl-3-furyl)disulfide)는 소고기에 비해 매우 낮은 수준에서 발견된다. 이 반응을 촉진할 산화제가 닭고기에 풍부한 불포화 알데히드에 의해 제거되어 축합반응이 일어나지 않은 것으로 해석되고 있다.

성분	가여도		향취
	닭고기	소고기	
MFT	1,024	512	Meat-like, sweet
bis(2-Methyl-3-furyl)disulphide	<16	2,048	Meat-like
2-furfurylthiol	512	512	Roasty
2,5-dimethyl-3-furanthiol	256	<16	Meaty
3-mercapto-2-pentanone	128	32	Sulphurous
Methionol	128	512	Cooked potato
2,4,5-trimethylthiazole	128	<16	Earthy
2-formyl-5-methylthiophene	64	64	Sulphurous
2-trans-4-trans-decadienal	2,048	<16	Fatty
2-trans-4-cis-decadienal	128	<16	Fatty, tallowy
2-undecenal	256	<16	Tallowy, sweet
γ-dodecalactone	512	<16	Tallowy, fruity

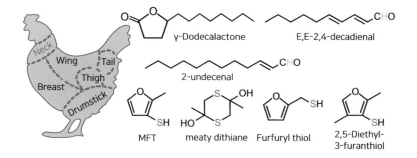

• 닭고기의 향기 성분 •

MFT(2–methyl–3–furanthiol)은 돼지고기에서 특히 중요하다. 돼지 수컷의 불쾌한 냄새인 웅취(avoid boar)는 주로 스카톨(skatole)과 안드로스테논이 관여한다. 안드로스테논이 증가하면 스카톨의 분해가 억제되고 지방층에 이들의 축적이 늘어난다. 안드로스테논은 수

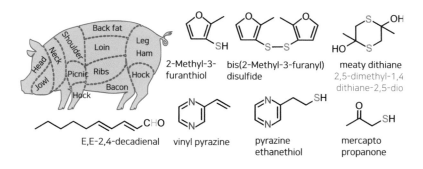

• 돼지고기의 향기 성분 •

돼지 고환에서 생산되기 때문에 거세를 통해 스카톨의 축적을 억제하기도 한다.

양고기를 '램(lamb)' 또는 '머튼(mutton)'이라 하는데 일반적으로 lamb는 12개월 미만의 어린 양을 의미하며 mutton은 1년 6개월 정도의 양을 뜻한다. 나이가 들수록 지방에 카프릴산, 펠라르곤산이 축적되면서 노린내가 나는데 늙은 양고기에 익숙한 유목민들은 이 특유의 노린내에서 오히려 구수함을 느낀다고 한다. 이런 양고기의 특징적인 향은 4-methyloctanoic acid, 4-methyl nonanoic acid와 관련이 깊다고 밝혀졌다.

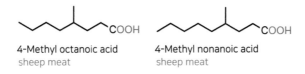

4-Methyl octanoic acid
sheep meat

4-Methyl nonanoic acid
sheep meat

감칠맛

잡내란 무엇일까?

    요리 프로그램에서 가장 자주 등장하는 요리 비결이 아마 "잡내의 제거"일 것이다. 그런데 그 잡내는 과연 제거된 것일까 아니면 숨겨진 것일까? 미각과 후각은 식품 속의 분자를 감각하는 것이고, 분자(원자)는 스스로 분해되거나 사라질 수는 없는 것이라 제거는 생각보다 쉬운 것은 아니다. 맛 물질은 원래 물에 잘 녹고 휘발성이 적은 것이고, 냄새 물질은 그나마 휘발성이 있지만 그렇다고 순식간에 쑥 사라지는 것은 아니다. 만약에 냄새 물질이 그렇게 쉽게 휘발한다면 음식을 잠깐 끓이기만 해도 냄새는 완전히 사라져 무취의 음식이 될 것이다. 그러면 세상의 모든 음식이 거의 똑같은 맛의 음식이 된다. 시간이 지날수록 냄새 물질의 농도는 낮아지겠지만 우리 코는 농도가 낮아진다고 그만큼 약하게 느끼는 경우는 별로 없다. 오히려 그 반대다. 냄새는 워낙 작은 양으로 작동하게 설계된 것이라 높은 농도에는 진한만큼 진하게 느끼지 못하다가, 희석되면 오히려 수용체가 이미 냄새 물질과 결합하고 있어서 못 느낄 확률이 줄어 충분히 강하게 느끼게 된다.

잡내를 제거한다면 원하지 않는 냄새 물질만 빠른 속도로 제거해야 하는데, 한 가지 식재료에 포함된 냄새 물질만 수백 종이 넘고, 그중에서 원하지 않는 냄새 물질만 골라 제거하는 기술은 아직까지는 없다. 그러니 좋은 향을 가진 원료가 아니라면 차라리 향이 없는 것을 고르는 것이 나은 선택이다. 흔히 생선에 레몬이나 식초 같은 산을 넣으면 비린내가 중화된다고 말하는데, 비린내는 특이하게 알칼리 물질이라 산에 의해 용해도가 증가하여 잘 휘발하지 못해 코로 느껴지는 양이 감소하는 것이지, 분자 자체가 변하거나 사라지는 것은 아니다.

식재료의 작은 단점은 적절한 다른 재료의 혼합만으로 많이 사라진다. 사실 음식에 사용되는 양념장에서 구성하는 재료 소금, 간장, 고춧가루, 식초 등 그 자체로는 먹기 힘든 것들이지만 다른 것과 적절히 조화되고, 음식에 적절한 양을 사용(희석)하면 풍미를 높이는 결정적 역할을 한다. 요리는 결국 조화의 기술인데 조화를 잘 시키면 단점은 덮어지고 장점이 강조된다. 그렇게 되어 여러 재료의 맛을 어울리게 느낄 수 있으면 맛이 풍부하다고 하고, 온갖 재료를 사용했음에도 마

감칠맛

치 하나처럼 완벽하게 조화를 이루면 예술이 된다.

　문제는 이취가 강할수록 그것을 덮기 힘들다는 것이다. 과거에 향신료가 인기가 있었던 이유 중의 하나가 어지간한 잡내는 향신료의 강력한 풍미로 쉽게 압도할 수 있었기 때문이다. 하지만 사람들은 지나치게 자극적인 음식을 좋아하지 않는다. 미식의 경험이 쌓일수록 오히려 담백한 것을 고급의 음식으로 생각하는 경우가 많고 이때는 재료의 한계를 벗어나기 힘들어진다.

감칠맛은 단백질에 대한 욕망이다

이 책을 오미 시리즈의 하나로 쓰기 시작했을 때는 기존 내용의 재편집 수준에서 끝날 것 같아 많이 망설였다. 그래도 그사이 새롭게 알게 된 지식도 있고, 공부한 것이 있어서 책의 절반은 새로운 내용으로 채운 것 같아서 만족스럽다.

간장 이야기를 나름 보완했으나 부족한 점이 많아 아쉽다. 장류야말로 우리 음식의 본질이자 정수이고 단순히 감칠맛 성분뿐 아니라 짠맛, 단맛, 신맛, 그리고 쓴맛까지 조화를 이루고 있고, 거기에 깊은 맛과 특징 있는 향도 있어서 훨씬 깊이 있게 다루어야 하는데 충분하지 못했다. 다양한 감칠맛의 재료를 조금 더 구체적으로 다루고 그동안 다루지 못했던 고기의 특성을 설명할 수 있어서 만족한다. 감칠맛은 단백질에 대한 욕망이고 단백질이 풍부한 고기에 대한 욕망인데 그동안 다룰 기회가 없었다. 고기 소비량이 쌀 소비량을 넘어선 요즘 세상에 나름 의미있는 작업이라고 생각한다.

이렇게 오미 중에서 신맛, 짠맛, 감칠맛을 정리했으니 천천히 쓴맛에 도전해 보려고 한다.

- 《음식과 요리》해럴드 맥기, 이희건 옮김, 백년후, 2011

- 《조미식품의 지식》太田靜行, 辛書房, 1975

- 《우마미 조미료의 지식》太田靜行, 辛書房, 1992

- 《다시의 과학》的場輝佳, 外内間人, 朝倉書店, 2017

- 《향의 언어》최낙언, 예문당. 2021

- 《Dashi and Umani》Eat-japan, Cross media, 2009

- 《Glutamic acid: advance in biochemistry and physiology》Silvio Grarattini, Raven Press, 1979

- S. Yamaguchi(1979). The Umami taste. In Food Taste Chemistry(Boudreau J.C. ed.), American Chemical Soceity, pp.33-35.

- S. Yamaguchi, "The synergistic taste effect of monosodium glutamate and disodium 5'-inosinate," Journal of Food Science, vol 32, 473-478, 1967.

- Kenzo Kurihara, Umami the Fifth Basic Taste: History of Studies on Receptor Mechanisms and Role as a Food Flavor, http://dx.doi.org/10.1155/2015/189402

- Takashi Yamamoto, Chizuko Inui-Yamamoto, The flavor-enhancing action of glutamate and its mechanism involving the notion of kokumi, Science of Food (2023) 7:3

감칠맛